U0195918

天坛园林

北京市天坛公园管理处 编著

中国建筑工业出版社

编 委 会

主　编：李连红　刘育俭

编　委：王　艳　张　卉

前言　　把握时代脉动　打造世界文化名园

天坛始建于明永乐十八年（1420年），人工行植柏林簇拥着祭坛，与林下广泛分布的乡土地被植物构建了"内坛仪树，外坛海树"的祭天氛围。

辛亥革命后，天坛被赋予了城市公园的属性，1918年作为公园向公众开放。栽植树木花卉、建植草坪，直接或间接为人们提供休憩娱乐、游览观光、文化活动空间。1957年天坛被列入北京市第一批古建筑文物保护单位，1961年成为国务院第一批全国重点文物保护单位。由于历史原因，在发展过程中极大地改变了天坛原有的功能格局。

1998年天坛被列入世界文化遗产名录，从此开始对文化遗产进行有效的保护与利用。天坛至今已建坛600余年，站在新的起点上，天坛公园先后制定了"天坛总体规划""天坛保护管理计划"，划定天坛的三级保护范围和建设控制地带。保护坛域、古建筑、树木及历史风貌，注重公园的生态平衡和经营管理，使天坛园林焕发出勃勃生机。

"山林场圃不自树艺者不得有"。对天坛植物的高质量保护与养护是后来者一贯坚持和所追求的目标。养护技艺上乘才能使天坛树木苍翠长久，让天坛"绿肺"更具生机和活力，让"活的文物"活得更好。神坛气韵传千古，我们怀揣一颗敬畏心，坚持绿色发展理念，汲取古人"天人合一"的智慧，促进生态文明建设，打造美丽天坛。经过几代人的不懈奋斗，天坛公园向"北圆南方"格局靠近，呈现出现代与历史风韵的融合。在文化观光、都市休闲、生态环保、科技应用等方面，努力打造世界一流名园。

作为新时代园林绿化工作者，记录是团队业务中最基本的技能和常规工作，是管理及养护中不可或缺的环节，也是绿化专业工作的优良传统。对收集的数据资料进行研究与评估、归纳、梳理，提升养护技术，积累工作经验，才能促进团队管理、促进绿化行业的发展。

天坛公园绿化科技科协同相关方面骨干，以本书编写为契机，溯源天坛公园绿化历史，以事件发生时间为序，将天坛园林建设及近年花卉应用编辑整理成册，作为工作经验交流及科普之用。

本书的编辑工作得到上级领导及本部门专业技术人员的鼎力支持，在此表示感谢！由于水平有限，书中难免错漏，望读者批评指正。

编者

2023 年 3 月

目　录

天坛公园 2010 年绿化实景图

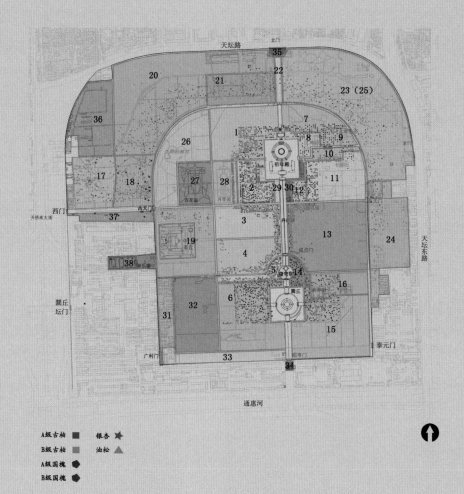

天坛路   北门

35

20   21   22

23（25）

7

36   1   8   9

26   10

17   18   27   28   2   29 30 12   11

西门   西天门   3   24

天桥南大街   37   19   13

4   成贞门

38   5   14

圜丘   6   16

坛门   31   32   15

广利门   33   泰元门

34

通惠河

A级古柏 ■   银杏 ✷
B级古柏 ■   油松 ▲
A级国槐 ➤
B级国槐 ➤

天坛公园古树分区分布现状图（2009 年）

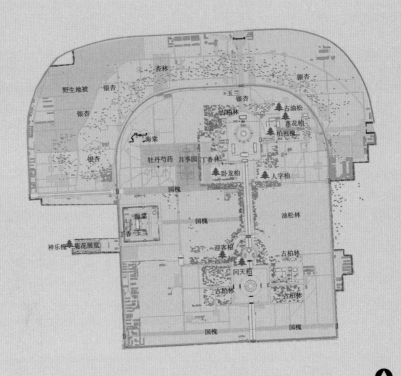

	植物名称	位置	盛花期	面积（m²）	品种（个）	数量（株）
1	古树名木（柏林）	祈谷坛圜丘坛周围及外坛散点			3	3562
2	月季	月季园	5月中旬—10月下旬	13000	500	10000
3	丁香	祈年殿西侧丁香林	5月上旬	2000	2	330
4	杏	西北外坛杏林	4月上旬	5400	1	150
5	牡丹	百花园	4月下旬	1300	62	489
6	芍药	百花园	4月下旬—5月上旬	1600	30	1080
7	野生	西北外坛	4月	100000		
8	菊花	神乐署	11月		800	2000
9	海棠	神乐署、百花园	5月	900	15	150
10	玉兰	斋宫北二门内	4月下旬	80	2	10

天坛公园特色景观植物分布图（2014年）

第一章

明清时期

（1420—1911年）

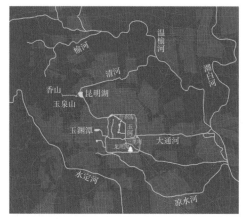

图 1-1 北京水系

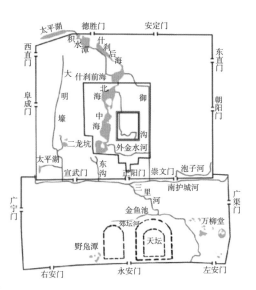

图 1-2 历史时期分布在北京城区的湖泊

明永乐十八年（1420 年）天地坛建成。天地坛建成之前，正阳门以南多为沼泽，野水弥漫，荻花萧瑟（图 1-1）。明代大学士程敏政数度陪祀南郊，回紫禁城经过郊坛河看到的是"归来两骑河堤远"。"河堤"即指天坛北垣外的龙须沟（图 1-2）。至清乾隆时期，依然是"天桥南潦水，退尽草方青"。祈谷坛与圜丘坛两坛周围坛域开阔，坛内植物主要是由柏树等乡土树种及野草构成，举目望去，是一片"辇道风清碧野平，紫烟常自锁南城"的郊野景色。天坛内坛行植柏树，簇拥着祭坛。祈谷坛周围的侧柏于明永乐十八年（1420 年）或更早栽植，圜丘坛周围的桧柏于明嘉靖九年（1530 年）栽植，清乾隆十九年（1754 年）大量栽种松柏、榆、槐等（图 1-3）。至清中期，天坛所植林木总计存活 13736 株，其中内坛有树木 5353 株，树种有侧柏、桧柏、国槐、油松等，外坛有树木 8383 株，主要是侧柏、桧柏、油松、柳树、国槐、榆及杂树桑、枣、构树等，大多散植。明代还曾栽植有牡丹等花木。1831 年曾清查天坛树木并责成坛内奉祀人员认真防守。

图 1-3　天坛公园古树

一、仪树、海树

古人以苍天为大，封建社会天子"奉天承运"国家政务。万物本乎天，人本乎祖。"天大的事"是天子举行郊祀之礼，祭天烧柴升烟，禋祀昊天上帝。

明永乐十八年（1420年）十二月癸亥，建成天地坛（图1-4、图1-5）。现祈年殿位置建大祀殿（图1-6），在大祀殿举行天地合祭。天地坛规制悉如南京。"坛后树松柏"，在天地坛周围，行列栽种柏。柏，即侧柏。天地坛北侧，金代在此取土烧砖，窑坑积水形成许多池塘。建坛挖水濠，称郊坛河。坛墙于明宣德年建成。垣内外高差大，与城池相阻（图1-7、图1-8）。

明嘉靖九年（1530年），朱厚熜改天地分祀，在天地坛南增建圜丘坛，"冬至日祀天于地上之圜丘"。乾为天，为圜，以象天也，模拟苍穹寰宇（图1-9、图1-10）。在圜丘周围行列栽植桧柏。嘉靖十三年（1534年）两坛合称天坛。嘉靖二十四年（1545年）修建外坛墙，形成两坛的外坛墙。坛墙北圆南方，象征"天圆地方"（图1-11、图1-12）。

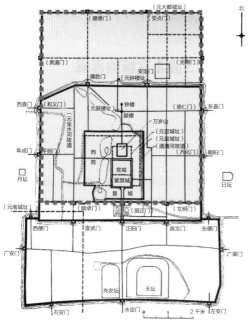

图1-4　天坛位于元大都东南方向

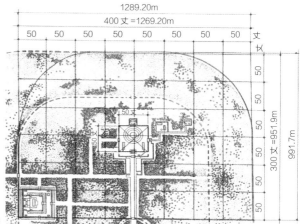

图 1-5 天地坛

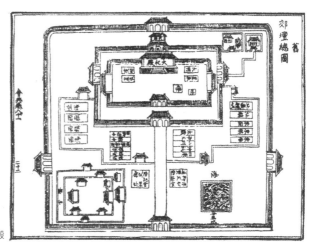

图 1-6 明郊坛大祀殿

图 1-7 天坛坛墙

图 1-8　原北坛墙内外高差

图 1-9　南宋郊礼图

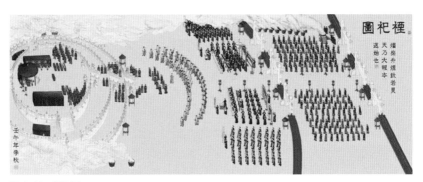

图 1-10　禋祀图

图 1-11　圜丘建于明嘉靖九年（1530 年）

图 1-12　天圆地方

　　我国古代皇帝在孟春祈谷。孟春即为正月，"是月也，天子乃以元日祈谷于上帝。"（图 1-13）明嘉靖十一年（1532 年）春，皇帝于大祀殿首次举行祈谷礼。嘉靖十九年（1540 年）拆除大祀殿，在其旧址上兴建大享殿，将矩形大殿改为三重檐圆殿，殿顶覆盖有上青、中黄、下绿三色琉璃瓦，寓意天、地、万物，并更名为"大享殿"。清乾隆年间大规模改扩建天坛。清乾隆十六年（1751年），改大享殿的青、黄、绿三色瓦为一色青琉璃瓦，定名为"祈年殿"。乾隆十九年（1754 年）进行了大规模的植树工程，丹陛桥两侧侧柏林为此时所植。乾隆三十七年（1772 年）增辟"花甲门"，又在祈谷坛西栽植柏树。在空旷广阔坛域之中，郁郁葱葱的柏树簇拥着白玉高坛。清代京城有"天坛看松，长河观柳"之说。"松"应指今日柏树（图 1-14）。

　　天坛历史上占地面积 273 公顷。今日遗存古柏林基于明永乐、明嘉靖、清乾隆三个时期所植（表 1-1）。天坛最古老的柏树树龄已达 600 余年。

图 1-13　礼记月令

图 1-14　天坛松林

先农坛、天坛栽植树木表（单位：株）　　　　　表 1-1

年代	松树	柏树	榆树	槐树	栽植总计	枯死总计	补栽	其他
清乾隆十九年 （1754 年）	1150	5203	4808	5908	17069			
清乾隆二十二年 （1757 年）						5000		
清乾隆二十三至乾隆二十四年（1758—1759 年）	714	2656	281	2388		6039		
清乾隆三十四年 （1769 年）							补栽完毕	
清乾隆四十七年 （1782 年）								嗣后坛内补种

天坛内坛（祈谷坛、丹陛桥、圜丘坛）周围栽植的柏树，如同古代众官员列班，举行盛大的"大驾卤簿"仪仗典礼一般。这种成排成行、整齐有序栽植的柏树，被视为"仪树"。株行距 5 米左右。在外坛（内坛墙与外坛墙之间）广阔的区域内，散植柏树及其他乡土树种，高低错落、参差不整，如同天子所辖浩瀚之地，这种散落之树被称为"海树"（图 1-15~ 图 1-17）。

图 1-15　大驾卤簿图

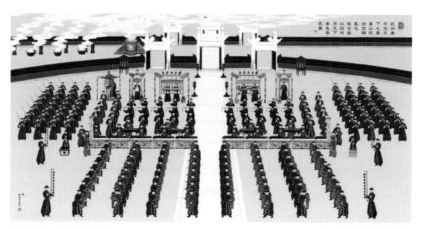

图 1-16　中和韶乐乐队

图 1-17 天坛仪树

二、行槐射柳

　　槐树是在我国古代宫苑、寺庙书院、官宦门第及庭院中常见的古老特色树种。北京宫庙名宅、民居街道及郊区古槐树十分常见，许多地方以槐冠名。自明朝朱棣迁都北京，京城兴盛种植国槐至今。槐，《说文》曰："木也，从木鬼声"。带有一定的神秘性，古代称之为"阴木"。古代封土为社，栽槐树作为社树。古代祭祀土地，将槐作为人和神交流的一个中介。

　　《周礼》曰："二五家为社，各树其土所宜之木。"社是祭祀的场所，也是公众聚会的地方，这里种植的树木要选择适合当地生长的树种。春秋时即有诸侯国以槐树作为法定的绿化树种，齐景公甚至在国内立法，禁止人们伤害槐树，凡是伤害槐树的人处以极刑。

　　槐树树体高大，树冠茂盛，遮荫固土，耐受瘠薄，是北方的乡土树种，是行道树的最佳选择。

　　皇帝入坛祈谷祭祀的道路称为御路、神路，经天地坛门（郊坛门、祈谷坛门）进出天坛（图1-18、图1-19）。在坛门外改乘礼舆进入坛内，至斋宫斋戒。

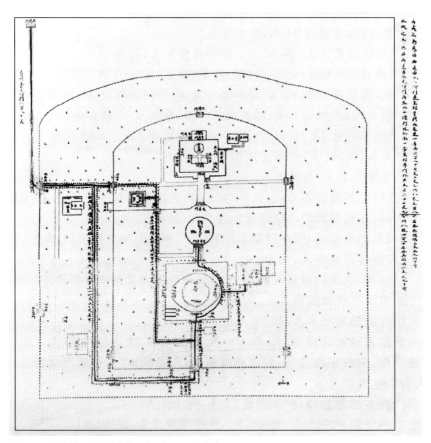

图1-18 天坛护卫图（清光绪三十二年，1906年）

图1-19 神路牌楼

祭祀日日出前七刻至祈谷坛祭祀，礼仪后返回紫禁城。祈谷坛地区主要御路两旁均栽植国槐，即所谓"行槐"（图1-20）。天坛现存的古国槐大多为二级古树，推算应为清乾隆年间所栽。乾隆初期，曾经下令在天坛栽树，树种除松柏外，还有槐树、榆树（图1-21）。乾隆二十二年（1757年）乾隆帝在斋宫作诗描写道："绿铺新草色，翠幂古槐阴"。天坛的草木景色，满目苍翠，清幽肃静，古槐垂阴。这里所指的"古槐阴"应是坛内行道树。

据史料记载，清乾隆十九年（1754年）至乾隆四十七年（1782年），天坛、先农坛大量栽植松、柏、榆、槐等乔木万余株。由于干旱回枯又进行了补种，而且对补种提出了新的要求，嗣后坛内一律间空补种大树，以肃观瞻。

清康熙三十二年（1693年）沿路旁及天坛坛墙行植柳树防御风沙，乾隆七年（1742年）乾隆帝在斋宫作诗"槐柳成行界道明，铜壶漏永午窗晴"。这时的天坛已经是槐柳成行了。到清嘉庆十八年（1813年），树龄达上百年。"碧柳阴中广陌宽，周垣环绕峙天坛"。清道光五年（1825年）更是"森森天仗柳边分，晓旭曈昽映霁云"。

为提高树木成活率，乾隆时期还将松柏栽植的时间由春天改为冬天，下雪后，将树根周围以雪培之。此外还鼓励官员广植树木并制定奖励制度。

图1-20 行槐

图 1-21 榆树（1907 年 5 月 22 日摄）

明清时期天坛还是开展射柳活动的场所。射柳是中国北方游牧民族一项重要的祭天活动。辽代，射柳曾作为皇家典礼中的祈雨之礼。逢日，插柳于祭祀场所，由皇帝、亲王、宰执以至贵族子弟射柳为戏。《辽史·太宗纪·上》记载："射柳於太祖行宫。"到了金代，射柳逐渐演变为端午节的一项游戏，经元而传至明朝。

明代射柳成为一项固定的端午武戏。据《万历野获编》载："今京师端午节尚有射柳之戏，俱在天坛。"《帝京岁时纪胜》载："帝京午节，极胜游览。或南顶城隍庙游回，或午后家宴毕，仍修射柳故事，于天坛长垣之下，骋骑走繖。更入坛内神乐所前，摸壁赌墅，陈蔬肴，酌余酒，喧呼于夕阳芳树之下，竟日忘归。"射柳以武戏为乐，让端午节庆中多了一丝武力。自清道光以后，随着清朝的衰落，习武之风淡漠，皇族中鲜有能骑善射者，因而射柳比赛日渐被遗忘。自清同治以后，宫中再无记载。

三、观游牡丹

天坛的花木种植记载见于明代，明永乐十九年（1421 年），原南京神乐观 300 名道士乐师迁都北京，进驻神乐观。道士乐师隶属于太常寺管理，为享受朝廷俸禄的御用人员，但薪俸微薄。明代因大祀典数量少，渐变懒散，乐师闲暇之时，疏于习乐、不务正业，"向民间祈禳诵经以糊其口"。有些则干脆在神乐观内开茶馆、酒肆。明景泰七年（1456 年）御史阎萧奏称："臣前至天地坛内，其乐舞生卖酒市肉，宛成贾区，往来驴马喧杂，无复禁忌。"明崇祯十五年（1642 年）礼部奏称："今郊庙奏乐，亦多疏涩，如琴瑟并无指法，舞姿贻怪古训。"道士除经商外还在观中栽种牡丹花木吸引游客（图 1-22、图 1-23）。

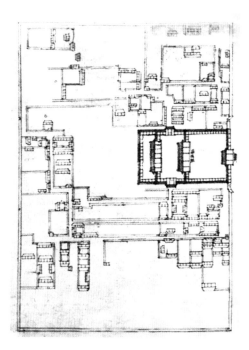

图 1-22　神乐署（清乾隆年间）

图 1-23　神乐署甬道

金梁先生在《天坛志略》中描述："神乐署中最能招人游观的是牡丹花。其余的各种花卉，从祈谷坛门起，沿着柏林、斋宫，直到神乐署的里面，全都种满了。宛若一座公园。花卉的里面，颇多奇种。"

有些士大夫与观中道士结为朋友，原因是不少太常寺官员出身于乐舞生，有的甚至成为礼部要员。参与郊祀的士大夫在祭祀前夜必须住在神乐观，在此诗歌唱酬，做祈雨、斋宿即事诗。清人胡苕山有《天坛道院看牡丹诗》曰："青阳好序顿过三，选胜如游百倾潭。碧落清虚人罕到，香林诘屈马偏谙。玉壶酒贮芳春思，石鼎诗联永夜谈。共说元都添绝艳，不须崇敬访名蓝。"清代诗人孔尚任《看天坛牡丹》诗描述："尽五尺坛露气清，绿沉红醉碧阑檠。凡花到此成仙种，况是天香旧有名。""稔色浓香独倚风，花王品格自难同。一枝开在云霄上，又压群芳几万丛。"

明代书画大师沈周的《神乐观留别祖席诸君》诗描写道："雨歇南郊风物新，玉洞千花留故人。"清乾隆年进士戴璐在《藤阴杂记》中描写："坛草萎以苗，时花春复秋。"《帝京岁时纪胜》记载："春早时赏牡丹，惟天坛南北廊、永定门内张园及房山僧舍者最胜。除姚黄、魏紫之外，有夭红、浅绿、金边各种。江南所无也。"

天坛神乐署虽违规扰乱了皇家禁地，却为当时京城百姓提供了一处赏花游玩之地。观中栽植牡丹时期，京城花市喧闹，花木来源于丰台花乡。明代著名书画家徐渭曰："牡丹绿者未曾闻，狡狯司花此弄新。不羡张家回道士，自抛红粉练庚辛。"这一时期，出现了绿牡丹。

这种状态持续至清乾隆六年（1741年）。乾隆帝颁诏，明令禁止神乐观道士栽花，清除了有碍郊坛风貌的花木，并拆除天坛内的茶馆、酒肆，天坛从此不再对外开放。但好景不长，清嘉庆、道光时期，旧习逐渐复苏，嘉庆十三年（1808年）再次整顿，取缔商家，不准栽花。但直至清末神乐署中此类问题也未能彻底解决。

四、益母草膏

明清时期神乐观道士为增加收入另谋职业，神乐观相继开设了药铺、杂货铺、酒肆和茶馆，并形成了市场形式的大杂院，来逛天坛的人除观花外还可喝茶、购物消磨时光。最初有个叫"济生堂"的药店熬制销售的"天坛益母草膏"远近闻名。"天坛益母草膏"是一种特色妇科良药。益母草为唇形科草本植物（图1-24），夏季或夏秋交界时采割。益母草是很好的活血化瘀药。天坛原产丰盛的益母草，据说天坛益母草性情温和，益母草膏滋补药效最佳。

天坛"生龙须菜，又益母草，羽士炼膏以售，妇科甚效。"清乾隆年间汪启淑著《水曹清暇录》一书记载："天坛中隙地产益母草，守坛人煎以为膏售人，颇道地。"清道光时完颜麟庆著《鸿雪因缘图记》一书中"天坛采药"一章记载乾隆"特准神乐观官生开药肆十六，以利施济"。乾隆十九年（1754年）神乐观更名为神乐署。至清嘉庆年间，神乐署内药铺林立。嘉庆十三年（1808年）下令取缔神乐署内店铺。经此整肃，神乐署内除乐舞生等自住之房，只保留了就近的七处药铺。这七处药铺售卖的益母草膏，取材于坛内原生益母草。当时益母草膏作为北京的名产，不仅在国内行销其他省份，还出口欧美各国。

民国时期，1914年袁世凯在天坛举行祭天大典，为安全起见，将神乐署内所有药铺逐出天坛，这些药铺在天桥、前门一带另辟新铺面，只每年秋季允许进天坛采药。

另，天坛公园2015年曾人工栽植药圃16畦，占地800平方米，栽植部分中草药植物供游人观赏，怀古叙今。

图1-24　益母草

第二章

民国时期

（1912—1949年）

天坛坛域被占用，改变了原有祭坛功能的性质。
1914—1932 年，租占天坛的单位有天坛林艺试验场、
京都传染病医院、中央防疫处、无线电台等。1938—
1945 年日寇在天坛建细菌部队及共荣洋行农场。日军
投降后国民党建野战医院，1948 年国民党北平守军在
南外坛建飞机场。除此之外还增建了一些其他建筑。

这些单位的占用对目前的林木格局影响较大。部分原始坛域至今被其他单
位占用。

一、林艺试验

1912 年 7 月 5 日，北洋政府公报 66 号文中称："天坛于林艺试验场最
为相宜，先农坛于畜牧试验场最为相宜，地坛于农艺试验场最为相宜"，决
定于上三处分别设立农艺、林艺、畜牧试验场各一所。1912 年 9 月，北洋政
府农林部占用天坛牺牲所 8.7 万平方米，创办全国第一个林业科研试验研究机
构——天坛林艺试验场。

历史上的天坛牺牲所位于天坛外坛西南部，是明清两朝祭祀牺牲之神和豢
养牺牲的地方。古代牺牲泛指祭祀专用牲畜。

1913 年农林部部令称："林艺最重栽种合法，经理得宜，方能收最良之
结果，本部现在天坛筹办林场培养苗木"。1913 年 3 月，试验场在北京西郊
设立分场，名为"林艺试验场西山造林苗圃"，即现在中国林业科学研究院
的最早起源（图 2-1）。

1915 年改为第一林业试验场，隶属北洋政府农商部。1915 年至 1916 年，
广为植树，育有桃树及葡萄等苗木。1923 年，北洋政府农商部总长李根源曾

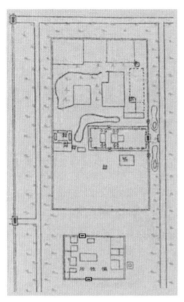

图2-1 牺牲所（1913年）

图2-2 洋槐

巡视试验场，到神乐署小歇，现有题记碑刻。

北洋政府公报报道了试种德国槐树（洋槐，图2-2），推荐各地方适地选种、造林。洋槐指刺槐，是该场数量最多的引进植物品种，为从青岛引进，自此北京大量种植。天坛目前在北外坛墙内侧沿墙还存有刺槐，树龄近百年。1918年2月第一林业试验场占用神乐署前院（图2-3）。

1930年改为模范林场，隶属民国政府实业部。

1934年的一份调查报告称："天坛分内外两坛，外坛为实业部模范林场，种植松、柏、榆、槐等树，培植树苗出售。内坛之地出租。购买入园门票及汽车票可参观游览。"

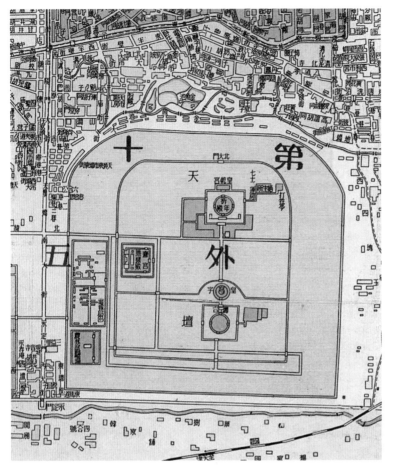

图 2-3　第一林业试验场位置

图 2-4　模范林场、牌坊、钟楼（1938 年）

1937 年，"林场迄今共占有外坛全部成片造林隙地，并将所占地区划分东西南北成片造林。广利门以北至西天门路南地带建苗床育苗。"同年 8 月日军侵占天坛，模范林场大部分员工分散转移，1938 年，北京特别市政府训令模范林场取消，从此天坛内民国时期设置林场育苗 26 年的历史结束（图 2-4）。

日伪时期由伪行政部接收改称行政部西山林场，日本投降前为农务总署西山林场。

民国 35 年（1946 年）被国民政府农林部中央林业实验所华北林业试验场接收，改称为西山第一事业区。

1949 年以后，牺牲所先后被中级卫生学校、职工宿舍占用，现在只留有西南段 30 多米的残墙和部分出土的建筑构件（图 2-5、图 2-6）。

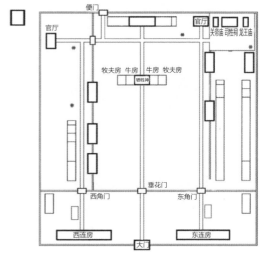

图 2-5 乾隆时期牺牲所示意图
（图片来源：《天坛牺牲所建筑沿革述略》）

图 2-6 牺牲所柱础

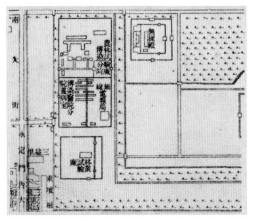

图 2-7　京都传染病医院分院

图 2-8　儿童在京都传染病医院接种疫苗
（神乐署，20 世纪 20 年代）

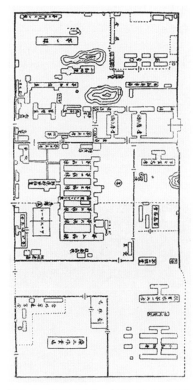

图 2-9　《崇文区志》，侵华日军 1855 部队
总部设施配置图
（图片来源：日本东京大学讲师西野留美子绘
制）

二、中央防疫处

　　京都市政公所于 1917 年设立，负责北京城的市政管理。京都传染病医院隶属京都市政公所四处管辖，设在东四牌楼北十条胡同，民居环绕，扩展受限。1918 年选天坛神乐署后院作为新院址，新址较为宽敞，远离市区，空气洁净，利于开展工作，而林业试验场占用神乐署前院（图 2-7、图 2-8）。1919 年，中央防疫处以霍乱流行为由，将神乐署传染病医院改为临时医院，霍乱结束后临时医院撤销，继续由中央防疫处占用，设立生物制品所，研产血清制品和霍乱疫苗、伤寒疫苗等生物制品。中央防疫处是

图 2-10　神乐署侵华日军细菌部队遗址

民国时期最早由中央政府设立的传染病研究和生物制品生产的机构。

七七事变后，侵华日军急于征服中国，为实施大规模细菌战，侵华日军华北方面军侵占中央防疫处，利用其设备迅速组建细菌战基地——华北派遣军防疫给水部。1939 年更名为"华北北支甲第 1855 部队"，寇首西村英二，所以该部队又称西村部队，从事菌种研制并接收日军传染病患者治疗和部队给水卫生检验等，该部队对外称第 151 兵站医院（图 2-9）。该医院在卫生防疫的招牌掩护下进行细菌武器的研究试验和生产，是继 731 部队之后侵华日军在中国建立的第二支细菌部队（图 2-10）。

1945 年日本投降，国民政府中央防疫处接收 151 兵站医院，并成立国民党陆军第 31 后方总院。1949 年 2 月，中国人民解放军北平军事管制委员会卫生部接管该医院，改名为华北军医第 2 后方总院。新中国成立后，在神乐署和牺牲所范围内先后建立北京天坛医院、北京口腔医院、中国医药生物制品检定所等单位，占用面积 8 万平方米（图 2-11~ 图 2-14）。

图 2-11　神乐署航拍（1925 年）

图 2-12　中央防疫处实验楼（1947—1948 年）

图 2-13　中央防疫处被侵华日军华北北支甲第 1855 部队侵占

图 2-14　中央防疫处同仁游行，庆祝南京解放（1949 年）

三、北京无线电报局

1919年11月，北洋政府交通部建河北无线电台，占用神乐署南侧后院房屋。

四、国民党飞机场

1948年12月中旬，北平城处于中国人民解放军的团团包围之中。城内国民党守军的陆路交通和有线通信被切断。在这种情况之下，国民党军队大量进入天坛，在坛内构筑工事，设置电台、仓库、医院等，天坛停止开放。国民党军队为建高射炮阵地，在坛墙上扒开多处豁口，同时还利用坛墙建碉堡，坛墙下挖暗沟。于天坛内建多处弹药库，并在北天门外建一座大型水泥地堡，从墙基下挖开通道进入，防御固守（图2-15、图2-16）。

另一方面，傅作义企图从空中通道逃走，下令在城内修建东单和天坛临时机场。机场位于天坛南部外坛旧林场，介于内外坛墙及南部东西坛墙之间，占地达440亩[①]，所占区域东西长、南北狭。开工后，扒毁天坛南坛墙200余米，炸毁明代所建石牌坊2座、房屋10余间，除砍伐农林部林场所育不成材树苗54600余株外，仅按天坛旧有树木数量统计，损失约计松柏树1500株，杂树500株。至于实际数字，实无法清查。由于时间紧迫，来不及砍伐的，就用炸药进行爆破，隆隆之声半月不绝（图2-17、图2-18）。

1949年1月18日，蒋介石企图接运国民党第13军官兵至青岛。解放军得知消息后，几天内发起炮击机场的强大攻势，用高射炮在机场的四周发射炮弹，致使天坛机场的飞机不能结队南飞，蒋介石空运南撤计划在空运了一个团后便落空（图2-19）。

---

① 1亩≈666.7平方米。

图 2-15 驻守在北平天坛附近的国民党军队士兵（1948 年 11 月 17 日）

图 2-16 北外坛水泥地堡（1951 年）

图 2-17 天坛南部古树（1906 年 4 月 20 日）

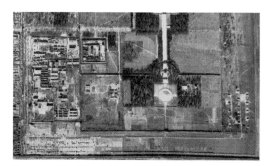

图 2-18 天坛南外坛航拍图（1951 年）

图 2-19 阅读公告的学生（1948 年 10 月）

一、割草种地

祈谷坛与圜丘坛建成后，于建筑周围栽植松柏和其他乡土树种，其余土地为开阔野草地。1917年坛庙管理处准许租用天坛土地开发、割草（饲料）或耕种，并制定租占规则。

1922年，内务部责令天坛修建跑马道，费用出自售卖野草的收入。

1924年，内务部租土地给平民种植，发放执照，收取租金。"内坛之地出租。内有菜园七十亩，余皆种植五谷，共有租户十五。"要求承租地上不准建设正式房屋。

1932年、1934年，北平坛庙管理所清丈天坛租地（图2-20）。

图2-20　天坛（赫达·莫里逊摄，1936年）

图 2-21　抗日战争时期的天坛地被（1939 年 5 月）

1937—1945 年，日军占领北平（图 2-21）。

1945 年春，日军细菌部队在西天门甬路北林间隙地及甬路南靠坛墙处开垦土地 13.33 万平方米建共荣洋行农场，委托国人王香涛经营，北天门内西侧还栽植了桃和葡萄，至 20 世纪 50 年代晚期桃园尚存。1946 年 3 月，该地被北平供销筹备处接收，后归坛庙管理事务所。1947 年，天坛租借土地给农民垦荒种地、创收谋利。

二、伐树毁树

抗日战争与解放战争期间，社会动荡，战事不断，加之管理不力，树木被砍伐、破坏现象时有发生（图 2-22）。1919—1948 年天坛共损失树木近 3000 株（表 2-1）。

单位、军队、学生占地伐树：1919 年为建中央防疫处，伐榆树 37 株、槐树 5 株、柏树 1 株。1927 年驻军毁树 49 株。1948 年国民党守军建临时飞机场，占地 20 余万平方米，伐古树千余株。1948 年 8 月大量山西流亡学生在园内驻扎，锯伐树木作为燃料，3 个月间共计锯伐古树 200 余株，杂树 100 余株（图 2-23）。

图 2-22 张勋辫子军帐篷（1917 年）

1919—1948 年天坛部分损失树木统计   表 2-1

时间（年）	主责部门/人	事由/地点	批伐	损失树种及数量
1919	北洋政府内务部中央防疫处	占地	伐除	柏树 1 株，榆树 37 株，槐树 5 株
1926	北洋政府内务部	报伐枯树	批准	百余株
1927	驻军	营地	毁树	49 株
1928	平津卫戍司令部	训令	严禁砍伐	
1934	北平坛庙管理所	虫害	枯死	古树 147 株
1935	北平市政府训令	伐除古建上、墙头与路旁树木	批准	74 株
1935	北平市政府	伐除	批准	60 株
1937	北平管理坛庙事务所	报伐树木		
1937	北平管理坛庙事务所	报伐树木	未批	
1938			伐除	古树 77 株
1943	日军	三座门外	伐除	槐树 6 株
1948	山西流亡学生		伐除	古树 200 余株，杂树 100 余株
1948	北平守军建飞机场	占地	伐除	松柏树 1500 株，杂树 500 株

图2-23 天坛流亡学生（1948年）

由于干旱、病虫害及疏于管理枯死而伐树：1934年伐除因病虫害致死古树147株。

偷伐现象：由于坛墙坍塌，有人潜入内坛偷伐树木。石桥丑雄著《天坛》记载，1935年伐树74株，1938年伐树77株。

三、民国植树

1915年,林学家凌道扬和韩安、裴义理等有感于国家林业不振,"重山复岭,濯濯不毛",上书北洋政府农商部部长,倡导以每年清明节为"中国植树节"。1915 年 7 月 21 日,在孙中山的倡议下,北洋政府下令,规定每年的清明为植树节,全国各级政府、机关、学校如期举行植树节典礼并植树。自此我国有了植树节。1925 年 3 月 12 日孙中山先生逝世,1928 年为纪念孙中山逝世三周年,国民政府举行了植树仪式,自此将每年的 3 月 12 日定为植树节。

北洋政府官员在天坛进行了多次植树活动,植树区位于斋宫东侧、北侧及关帝庙。1917 年 4 月 5 日,时任中华民国大总统黎元洪带领北洋政府官员一行,在斋宫东门外路北植树 15 株。1928 年,北洋政府内务部礼俗司司长、坛庙管理处处长李升培在丹陛桥洞西植柏树 100 株,并立石纪念(图 2-24)。

1936 年北平市政府在天坛举行植树典礼。1938 年记载纪念林成活率低。天坛内纪念林有 2430 株,为历次所植。然枯死甚多,加之驻军所毁,损失1500 余株。

图 2-24　民国时期植树纪念碑

四、树木普查管护

1912—1947年，共5次普查天坛内树木（表2-2、图2-25）。

自1912年军队驻扎天坛，任意放牧马匹等牲畜，坛内柴草多被践踏或被马啃食。1917年，民国政府内务部令坛庙管理处天坛事务员普查天坛树木。3月普查，年底完成统计。通过分片统计，钉牌编号，全园共有树木8853株。其中松树2370株，柏树3990株，榆树639株，槐树1793株，椿树23株，杜松27株，桑树4株，杏树4株，柳树1株，枣树2株（图2-26）。

另外斋宫、关帝庙、神乐署、牺牲所区域单独普查（图2-27、图2-28）。职方司完成天坛全图测绘。

南京国民政府成立之后，内政部决定清理部管地产，设立北平坛庙管理所，1930年对坛内树木进行清点，更造清册。

1935年1月，北平坛庙管理所改为北平特别市管理坛庙事务所（以下简称"管理坛庙事务所"）。1935年8月管理坛庙事务所完成天坛树木调查，并制成"天坛松柏树状况调查简明表"。天坛有古树5798株，其中完全枯死147株，半枯死树187株，枯死系虫蚀所致。北平市政府根据管理坛庙事务所呈报天坛树株情形，训令天坛各种古建上生出的松柏伐除，并发出布告周知。同时对各要伐除株一一拍照，将照片报北平市政府，再由北平市政府转报政整会备案。至于全枯、半枯松柏334株，请管理坛庙事务所致函中央研究院、北平大学农学院研究后，再定办法另案办理。

1936年北平大学农学院易希陶教授将"对天坛被害古柏毒杀办法及实验"抄送给管理坛庙事务所，并作《危害北平坛庙古树之双条杉天牛》（图2-29、图2-30）。其中详尽叙述了天坛古树被危害情况，最后提出四项措施：一、全枯树之伐除。二、半枯树之检查。三、健全之树的注意。四、成虫之捕杀。北平市政府批令伐除受害树木60株。

1942年1月，坛内树木量记载为：柏树6132株、松树25、杂树2244株，合计8401株。

1947年8月，中山公园理事会和北海公园理事会联合管理坛庙事务所，"兹

民国时期天坛树木普查表（1917—1947年，5次，单位：株） 表2-2

树种	1917年	1930年	1935年	1942年	1947年
柏树	3990			6132	6132
松树	2370			25	25
松、柏总计	6360		5798（古树）	6157	6157
榆树	639				
槐树	1793				
椿树	23				
杜松	27				
桑树	4				
杏树	4				
柳树	1				
枣树	2				
杂树总计	2493		未调查	2244	2244
半枯			187	187	187
枯死			147	147	147
总计	8853	树木未清点	5798（松柏古树）	8401	8401

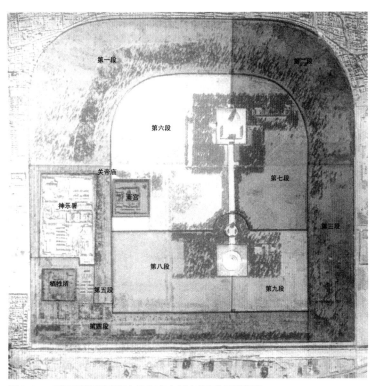

图2-25 天坛公园民国时期（1917年）树木普查分区示意图
注：第四段、第五段区域范围因原档案描述不清且无历史图片佐证，明确范围有待商榷。

图 2-26 苍松翠柏夹道之外坛（《北晨画刊》，
1936 年）

图 2-27 关帝庙

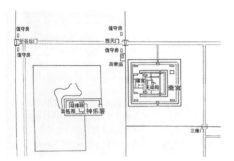

图 2-28 关帝庙位置

图 2-29 双条杉天牛标本

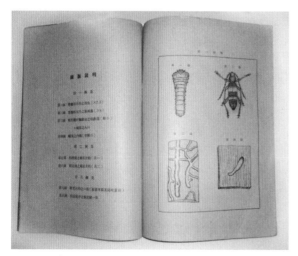

图 2-30 《危害北平坛庙古树之双条杉天牛》（易希陶）

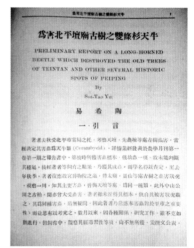

为共同防治起见",发起并邀请北平大学农学院、清华大学农学院等14家植物学术机构加入,成立古树防护委员会。古树防护委员会的主要任务是"担任北平市郊各处树木之病虫防治、保护、培植工作之研究、设计及指导等事宜"。管理坛庙事务所还借此机会对所辖的天坛、地坛、日坛、月坛、先农坛、孔庙等6处坛庙的现存树木进行了调查。

调查包括树木总数及种类、历年枯死树木、枯树处置情形、现时受害株树等诸项。调查结果显示:天坛的树木最多,有柏树6132株、松树25株、杂树2244株、半枯187株、全枯147株,枯树目前"仍立原处,保存古迹并未处置"。

针对"天坛、地坛树木较多,原有者与新植者从错而生,十数年来并未整理,不但于观瞻有碍,更防树木之发育,且际兹冬季将届,深恐其中因枯死而干燥之枝条有发生火灾之虞"的情况,管理坛庙事务所拟定了有针对性的整理两坛各类树木的五项标准:"古松古柏毋庸整理,古槐古榆只修理已枯死枝条,新植松柏限修理下部枝条,不妨碍树干杂树限修理枝条,不采伐树干,凡丛生杂树经技术员制定后再行间伐,以不妨碍保留之树木生长为原则。"

古树防护委员会成立后,林业专家徐明道和昆虫专家王涤群分赴各坛庙、公园进行调查。王涤群在天坛调查时发现天坛的古树受损严重,一些半荒地已经租给附近的农民种植作物,这些开垦者"或以手斧刨削树皮,或以锄头勘其旁枝,十树九伤,触目皆是,今后再不严加禁止,任其恣意摧残,恐十年以后可成光地一片"。除此之外,物必自腐而后虫生。王涤群认为欲除虫害,首先要防止人患,随后他递交了一份防人患和防虫患措施并举、科学严谨的病虫害防治工作报告(下文简称《报告》)。

《报告》称:根据调查所得结果,各公园现有树木受虫害者为榆、柳、槐、桑及松、柏等树。"其受害较轻之树虽现仍有生机,然多半呈半身不遂之态,至于严重者殆皆百孔千洞,由外面内深入树木心材,因而致于死亡受害之烈、历时之久可以想见"。各处枯死的树木皆因虫害所致,为了消灭潜伏在树内的越冬幼虫,使其无羽化机会,《报告》建议将枯死的树木"概行砍伐、焚毁其材"。至于其他受虫害的树木,虽然施用药剂为治标之策,但是由于药剂价格十分昂贵且不易购买,"于受害树木中,不得不择其堪有保护价值者,乃使药剂防治之"。

《报告》最后还分析了联合防治病虫害的重要性："盖病虫之为害无固定区域，若令甲地防患周到而乙地置若罔闻，则为害乙地树木之病虫有机可乘，得以世代相继繁殖，迁播蔓延，势必殃及甲地，理至明显，不言而喻""今后欲使健全树木免除受害，非群策群力共同防治不足以赴事功""死树必除，病虫必防，则病虫为害程度自能徐徐减轻，终至于绝迹。他日故都古树参天，郁郁苍翠，当可期待也。"

《报告》很快得到了反馈，管理坛庙事务所为"筹划百年大计，以垂永久"，随即制订了十项保护各坛庙树木古迹实施要点：

其一，防治虫害。已受虫害尚未枯死树木，应由古树防护委员会调查协助，由本所请款医疗。已枯死树木查勘呈请获批后，将枯死树砍伐标卖，以其价款医治病树暨造林费。其二，培植树苗。呈请拨专款办理苗圃，培育树苗，并恢复天坛林场。其三，废田还林。此后各坛庙地亩不再出租，已种满三年者立即将地收回，不再续租，未满三年者，逐年收回。所有收回的租地，拟定计划逐年造林。其四，派坛警巡查，严防盗伐树木。其五，对盗伐树木罪犯，应送交地方法院，依法重惩。其六，各坛庙地域辽阔，坛警不敷分配，应恢复原有 70 名警役编制。其七，保护坛墙。其八，告知各地租户，在租种期间，要各自负责保护租地内树木。其九，天坛九龙柏等，应由文物整理委员会一律设围栏保护。其十，呈请最高军政机关，严令各坛庙内驻军、机关、学校，应尽速觅房迁移，并在借住期间，绝对严禁破坏名胜古迹及盗伐树木。

一、坛庙警察

1912 年 10 月，天坛归属古物保存所管理。该所制定了《坛庙管理大纲》。隶属于北洋政府内务部礼俗司，但实际是清廷奉祀人员。

1913 年元旦天坛开放 10 日，其后政局动荡。2 月将前清朝内、外城两巡警总厅合并为京师警察厅，由北洋政府内务部接管，作为北京全城的管理机构。京师警察厅比巡警总厅有更为完备的组织系统和更加广泛的管理职能，是一个综合的城市管理机构，与京都市政公所共同负责北京城市管理。天坛派驻 4 名警察。1914 年 8 月，京师划分 20 个辖区。地图中神乐署标注"☆"处为警察队（图 2-31、图 2-32）。

1914 年内务部成立典礼司，允许外国人持外交部发行的"天坛介绍券"入坛参观。古物保存所更名为礼器保存所。

1917 年京师警察厅派工役 150 人勘修了天坛内道路。1928 年南京国民政府建立，6 月北平特别市政府成立，将原北洋政府内务部所辖之京师警察厅改组为北平特别市公安局。京师警察厅、京都市政公所等被撤销。坛警更名为坛役（图 2-33）。

图 2-31 京师警察厅

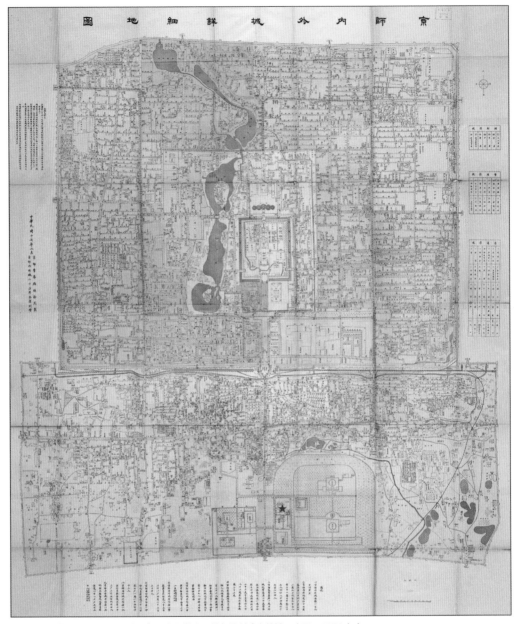

图 2-32 《京师内外城详细地图》，京师警察厅总务署制（内外城二十区，1928 年）

抗日战争胜利后，1945 年 9 月，南京国民政府派员接管了"北京特别市"，并恢复北平市的名称，警察局随之改称北平市警察局。至 1946 年 9 月北平市警察局将天坛驻守警察撤回（图 2-34）。

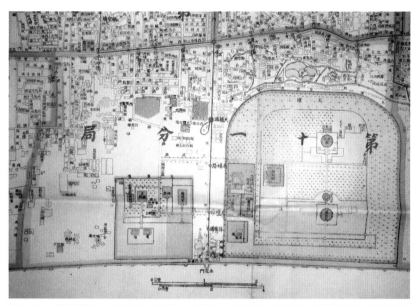

图 2-33　警察局第十一分局辖区：东西珠市口以南，东至天坛之东外墙，西至黑窑厂、陶然亭（日伪时期 1937—1945 年）

图 2-34　坛警在天坛内禁烟（1920 年）

二、公园开放

1913年元旦，为庆祝清帝退位一周年，北洋政府决定将天坛免费开放十日。京城立即掀起了一股"天坛游玩热"。1913年5月25日，首届华北运动会在天坛举行（图2-35）。北洋政府内务部指定位于斋宫以北的空地，京师警察厅此前拨派工人对其进行了修整。1914年于天坛再次举行第二届华北运动会。

1917年12月30日，《群强报》刊登《开放天坛》的通告："天坛为历朝祀天之所，建筑闳丽，林木幽茂，实为都会胜迹之冠。外人参观向由外交部给予执照，而本国人士罕有游涉。今者内务部特将天坛内重事修葺，平垫马路，以期引人入胜。定于阳历新年一号，将斋宫、皇穹宇、祈年殿一律开放，任人购票游览。并拍照名胜处所，制成邮片赠送游客"（图2-36）。

1918年1月1日，这座气势恢宏的皇家殿宇，第一次作为公园向游人开放（图2-37）。

三、管理机构

1925年，坛庙管理处由先农坛迁往天坛至1928年。

1928年6月8日，国民革命军进入北京，北洋政府统治结束。国民政府部队第三集团军进驻神乐署。1928年6月，天坛归入国民政府内政部北平档案保管处管辖。成立北平坛庙管理所，负责管理天坛、地坛、孔庙、国子监、先农坛等19处坛庙（图2-38）。北平坛庙管理所所长由北平档案保管处处长兼任。

南京国民政府建立之后，对坛庙、寺观的保护持积极态度。内政部拟决定清理部管地产，修复坛庙古迹。"案查本部所属北平各坛庙，为有关历史文化之古迹，依训政时期约法第五十八条之规定，国家应予以保护或保存。"为此还制定了《内政部清理部管地产修复坛庙古迹章程》呈至行政院，批复后开始筹款修复北平天坛、孔庙、国子监及其他坛庙古迹。

北平坛庙管理所于1930年进行树木清点造册工作。1931年北平坛庙管理

图 2-35　首届华北运动会于天坛斋宫北空地
举行（1913 年）

图 2-36　明信片

图 2-37　公园开放时天坛门口等待接送游客的人力车（1918 年）

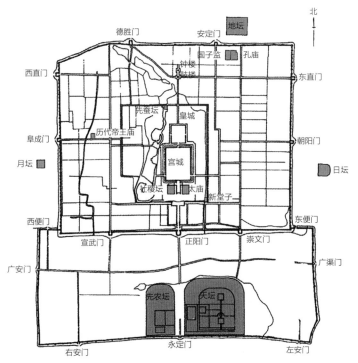

图 2-38　北平坛庙分布（1928 年）

图 2-39　古树毁坏档案（1948 年）

所讨论繁荣天坛计划，其中包括清丈土地、余地招租、招租斋宫、收回地亩、招商养兔、设体育场、办消费社、开放地亩、拆去树枝、规定路线、加添临时工人、添设路椅等18项内容。1934年进行了天坛树木及殿宇普查。

1935年北平坛庙管理所改为"北平市管理坛庙事务所"。发布布告：现已划归北平市政府管理，对于名胜古迹应予力谋整顿。1935年8月完成天坛松柏树状况调查简明表。北平市政府根据管理坛庙事务所呈报发布训令。

1937年12月更名为北京市政府管理坛庙事务所。1938年2月又改为北京特别市公署管理坛庙事务所。

1945年11月更名为北平市坛庙管理事务所，隶属北平市政府社会局。1949年4月，北平市坛庙管理事务所将《管理坛庙事务所沿革及今后工作意见书》呈报北平市社会局，对天坛等坛庙工作提出了9项建议（图2-39）。

第三章

新中国成立（1949—2022年）

新中国成立初期，天坛开垦的耕地延续民国时期出租，种植庄稼，收获农作物。接管民国时期遗留的农场。

1951年公园管理委员会提出对地亩、树木、花卉要经营和保养。天坛出租的土地逐步回收。建立苗圃，引种试验。培植苗木以供城市建设所用。园林工程队栽植树木，植树造林。普遍绿化奠定了天坛以后种植的格局，形成这一时期独特景观。目前天坛内还能看到当初林木的影子，许多稀有树木是这一时期栽植的。

1954年调整天坛种植树种，除落叶树外增加侧柏、云杉、白皮松等常绿树，对泰元门外、祈年殿北、西大门内以南地区进行了土地平整，种植各种树木。园林工程队在园内植树21167株。

1958年，中央提出了"实现大地园林化"的号召，北京市委又提出了"绿化结合生产"的方针。天坛回收地亩用于植树绿化，植树进入高潮期。1958年天坛内植树3万株，树木种植的形式多样化、不统一，呈不规则分布。

1961年，天坛丹陛桥东侧大长幅片植油松3000株，斋宫也种植了大量花木。

通过以上植树，天坛树木总数量从新中国成立时期的8000株，至1964年增加到20000余株。

与此同时，天坛内树木养护与花卉栽培并行，种植花卉美化环境，加强古树养护措施。如古柏林中补植，古树修剪，使用飞机对古树进行灭虫作业，古柏林封闭管理等等。

此外还开展林粮间作，建立果园、公园花圃花班。天坛花圃、中山公园花圃也在园内建立起来。先后修建月季园、百花园、双环亭景区。

20世纪80年代，于天坛古柏林中补种柏树，内坛花木公司、土山等搬迁。90年代后，制定"内坛苍璧　外坛郊园"的规划；全部伐除果树，根据《天坛公园总体规划》种植柏树及银杏树。同时连年举行重大的义务植树活动。

1998年，天坛被列入世界文化遗产保护单位后，遵循文化遗产保护原则，加强保护与管理。新种植的柏树林具有坛域生态修复功能，逐步完善天坛坛域绿地系统，还原天坛本真，展现天坛内坛"仪树"、外坛"海树"的园林景观。

一、管理机构

1949 年 2 月，中国人民解放军北平市军事管制委员会接管北平市坛庙管理事务所，成立北京市坛庙管理事务所。北京市华北人民政府、华北军区接管驻天坛国民党各机构。

1950 年 3 月，成立天坛公园共产党小组，共计 3 人。

1950 年 9 月，北京市公园管理委员会接管北京市坛庙管理事务所。

1951 年 1 月 13 日，北京市坛庙管理事务所改组为天坛管理处，隶属北京市政府及市公园管理委员会，管辖天坛、先农坛、孔庙、国子监。

1951 年 1 月，天坛管理处由先农坛迁至天坛西二门值守房。

1952 年，设立管理员、园艺技术员、农场助理及生产班组。园艺技术员负责园林布置设计及花卉、树木栽培技艺的技术指导。树艺班负责全园树木养护、修剪以及苗圃的生产与经营。

1953 年，树艺班负责全园树木养护，花房及花坛、花卉布置陈设；苗圃负责苗木的生产经营，培植、修剪、灌溉等；生产班负责农场 40 万平方米土地的生产经营；饲养班负责农场牲畜的饲养工作。

1953 年 3 月，天坛管理处迁至斋宫寝宫。

1953 年 6 月，园艺班工人编制有花匠、花匠助手、苗圃、壮工。

1954 年 4 月 19 日，天坛由北京市政府园林处所属，天坛管理处管辖陶然亭风景区。

1955 年 2 月，天坛隶属北京市园林局。

1955 年，园艺一班负责树木及草地保养，园艺二班负责花坛栽植管理。

1956 年 10 月 5 日，北京市园林局成立北京市花木公司，地址位于天坛内北二门西侧。

1958 年，天坛陶然亭管理处撤销，成立天坛公园管理处。

1961 年，天坛公园管理处与天坛苗圃合并。

1962 年，成立龙潭植物园筹备组。

1962 年，天坛公园管理处与龙潭湖行政机构合并至 1964 年，成立专管古树的树艺班；生产三队改称园艺队。

1978 年，天坛公园管理处迁出斋宫，办公地点设在新东门内南侧。

1986 年，天坛公园管理处办公地点迁至北门内西侧。

2004 年，园容绿化科改为园容绿化科技科。

2006 年至今，天坛公园管理处设在东坛墙外，北京市东城区天坛内东里 7 号。

2022 年，园容绿化科技科改称园林科，绿化队改为园林东队和园林西队。

二、管理理念

1950 年，北京市市长聂荣臻批准"坛庙祠寺评定等级及管理办法"，天坛为甲级。

1951 年，《公园管理委员会组织章程》第八条规定，天坛管理处对其所管辖范围内的古迹殿堂地亩及树木花卉进行修缮经营和保养。天坛管理处须执行北京市公园管理委员会的有关决议及交办事项，应定期举行处务会及各项专业会议。

1951 年，北京市政府文件指示："天坛拟辟为较大规模文化公园"。1953 年 6 月 19 日，北京市建设局园林事务所与北京市公园管理委员会合并成立北京市政府园林处，统一管理全市公园风景区及城市绿化建设等工作。

1960 年，北京市园林局规划讨论会制定了土地使用近期规划，该规划遵循"以农业为基础，以粮为纲，充分利用土地生产蔬菜，供应市场"的原则。"对于现有的林木应加强养护，林中空缺的地方要进行补植。"

1960 年 10 月，天坛公园制定了《天坛公园土地使用近期规划》。规划中要求大量生产蔬菜供应城市，减轻城乡运输的压力，在灌溉条件困难的地方种植粮食、油料等大田作物。同时近期在不妨碍粮菜生长的条件下，尽量套种苹果、核桃和油料作物。"对于现有的林木（明清古柏林）应加强养护管理，林中空缺的地方要进行补植。"

1960 年，北京市园林局工作纲要指出：天坛要向森林公园发展。种植大片树木，开辟林间果园，果园中间种粮食、蔬菜。花卉应以月季、菊花为主，尽量创造一个城市内具森林风味，给人以大自然感受的美好环境。

1963 年，北京市城市建设委员会、北京市园林局在斋宫举行天坛规划情况座谈会。确定近期工作三个主要方面：加强古建管理利用、发展果品生产及开展多种多样的文化活动。

1963 年，天坛实行统一领导、分区负责、保证重点、兼顾一般的树木养护管理办法，对百余株古柏进行整形修剪。

1965 年，《天坛公园绿化结合生产经验总结》刊印所属单位。

1974 年，拟定在天坛内堆土山，设计高度 45 米。

1976 年，制定天坛公园规划草案。拟定继续贯彻绿化结合生产的方针，进一步提高绿化质量。古柏林下要保护好草皮，游人经常走的路线可开辟小路。古柏林内还可以设置宣传历史唯物论的石雕。适当种植一些药用植物。

1984 年，祈年殿西侧古树大面积设围栏，建立古树保护小区。

1985 年，天坛自行研制拖挂式打草机，自然草地的管理利用成为可能。

1986 年，北京市第二次园林会议指出，天坛是古老公园，绿化美化要突出自己的风格，要以古松柏常绿树为主，讲究绿化大效果。提出将天坛建成坛庙园林博物馆。绿化突出坛庙园林特色，伐除坛内影响（柏树）的杂树。天坛绿化以常绿树为主，花卉不再作为工作重点进行大量投资。除保留品种外，花卉种植数量要保证完成月季、菊花展及花坛摆放任务。

1990 年，北京市政府决定：搬走土山，恢复天坛的历史原貌。绿化以恢复古坛神韵为指导方针。

1992 年，《天坛公园总体规划（1992—2007 年）》确定了未来绿化原则：扩大内坛苍壁，建成外坛郊园。

1997 年，绿化设计方针：保护古树，杂树让路；林木混交，地被自然；乡土树种，地方季相；规则种植，交错群落；晨练晚游，各得其所；郊坛风貌，游戏功能。

1998年12月2日，天坛被联合国列入世界遗产名录。

2000年，天坛公园以"确保古柏，调整树木，凸显古建，建植草地，强化景区"为指导方针，对主要游览路线和景区进行树木调整。

2002年，按照天坛总体规划的要求，进一步充实内坛，完善发展外坛。

2011—2025年的天坛总体规划，在园林植物规划中指出：园林植物规划应以历史格局和风貌为主要依据，保证"苍璧礼天"和"郊祀"氛围。弱化内坛除"仪树"以外的其他植物种植形式；在外坛突出"海树"，增加阔叶林比例，体现田园郊野的环境意象。保持地被层草本植物的多样性，新增绿化用地选用乡土树种，争取最大的生态效益。

新中国成立初期，天坛原有开阔地用于割收牧草。开垦的耕地延续民国时期出租，种植庄稼，收获农作物，后期建立苗圃、果园等。对于荒地野草，秋天组织人工割草，防止火灾的发生。偏僻区域由于管理不及，荒地搁置（图 3-1~ 图 3-7）。

1949 年 3 月，坛庙管理所对天坛出租土地进行整顿。收回租种给救济院及回教协会的 17.74 万平方米耕地；4 月，接受管理天坛农场；9 月对所有农户签押，要求对其租种土地上的树木等进行保护。

1950 年，坛庙管理事务所丈量耕种土地，制作天坛地亩清册。天坛有租户 52 户，租种土地 27.72 万平方米。1950 年 10 月和 11 月，天坛曾两次发生火灾烧毁未割玉米秸面积 2.07 万平方米。为消除火灾隐患，事务所号召天坛附近农民进坛割草，柴草归打草人。3 月，与外五区公安分局签约，开辟耕地 3333 平方米。

1951 年，北京市公园管理委员会接管坛庙管理事务所，旧有管理体制结束。公园管理委员会针对地亩等提出要进行经营和管护。1951 年天坛农场划归西郊试验农场领导，1952 年重新划归天坛管理处。

1952 年，设立农场助理。生产班负责农场 40 万平方米土地播种、收获等工作。1952 年，接收北京部分中学在天坛的生产用地。1952 年，组织员工开垦 16.27 万平方米荒地。1953 年，将坛内农民租种的土地收回。1955 年，外坛租种土地收回 24.13 万平方米。1960 年，外坛耕地全部交还天坛（图 3-8、图 3-9）。

图 3-1　圜丘坛南野草

图 3-2　祈谷坛内野草

图 3-3　皇乾殿树上墙

图 3-4　斋宫东野草

图 3-5　长廊北野草

图 3-6　七星石荒草

图 3-7　丹陛桥上野草

图 3-8　耕地

图 3-9　阳畦

新中国成立后土地的使用延续民国时期出租地亩，用作农耕。民国时期牺牲所地区林场被占用。1951 年，公园管理委员会针对地亩、树木、花卉提出要进行经营和管护。天坛租种耕地逐步回收，耕地用于天坛苗圃、绿化工程处及天坛花圃等单位建圃种植，为城市建设提供苗木花卉服务。

1951 年 3 月，北京市建设局在昭亨门外新建苗圃，占地 1.2 万平方米。栽植各地运来的苗木及从斋宫南移栽的苗木 79455 株。

1953 年 11 月 13 日，成立天坛苗圃管理处，北京市政府园林处所属，办公地点在斋宫。将西郊苗圃的花卉集中到天坛苗圃管理处统一经营。建试验圃，占地 6670 平方米，研究南方观赏树木的引种驯化、越冬防寒项目。

1953 年，绿化工程处占用天坛东、北、南三面外坛空地开辟了苗圃。培植常绿、落叶乔灌木及果木，用于城市建设。

1955 年，北京市政府园林处在天坛外坛东南角建苗木假植区，存放外地采购的苗木。1959 年，天安门绿化工程苗木假植于此。

1957 年，柿子的嫁接和南苗北种试验成功。1957 年，试验圃迁出天坛。东西柴禾栏种植柿子树（图 3-10）。

1982—1990 年，北外坛建有苗圃地畦、苗床，培植桧柏、侧柏、云杉、白皮松、小叶黄杨、雪松、碧桃及连翘等苗木，用于园内绿化。

图 3-10 柿子（西柴禾栏处）

土地逐步回收，天坛对树木进行普查。公园生产养护管理上不仅以果树及花卉方面作为重点发展，同时推进绿化普遍造林。采取点、线、片、面的形式，进行大面积植树，种植了大量的乔木、灌木等，天坛植物种类及数量剧增。1954年开始栽植草坪。普遍造林至"文化大革命"期间才停滞下来。

1952年，七星石周围栽植白皮松和马尾松。三座门一线伐除枯朽槐树202株。

1953年，北京市"大搞绿化"，倡导"植树，对祖国有益的劳动！"成立苗圃管理处繁育苗木为城市建设服务。1953年，公园散点、片植，主要是落叶树密集种植，不规则分布。种植垂柳、黑杨、榆树、加拿大杨、小叶杨、连翘及丁香等树种达130个。园林工程队在内坛分四个绿化区进行绿化施工：（1）斋宫东门外南侧、三座门南北路两片；（2）西大门至西二门南北两侧；（3）西二门内北侧至祈年殿西砖门区域；（4）七星石周围、长廊东至北二门内东侧（图3-11）。奠定了以后种植的格局，形成这一时期的独特景观。目前还能看到当初林木的影子，许多珍稀树木是这一时期栽植的。

20世纪50年代，天坛对新植树遵循多样化的原则。种植小叶朴、皂角、野槐、马鞍槐、蜡梅、北京丁香、大叶白蜡、栾树、杨树、元宝枫及核桃、山楂等观赏和经济树种，扩大了林地面积，同时在古柏林中大面积种植构棘。

1954年，调整绿化种植树种，种植落叶树外增加常绿树侧柏、云杉、白皮松等。栽植树木21167株。包含泰元门外、祈年殿以北、西大门内南侧等地区，种植草坪14万平方米。

1955年，北京市园林绿化工程管理处成立，由苗圃管理处、园林工程队

图 3-11　七星石植树

及保养队组成。办公场所在斋宫。斋宫院内种植海棠、丁香、蜡梅等花木。无梁殿前栽植侧柏及榆叶梅等 34 株。同年天坛苗圃管理处在天坛南大门外空地开荒栽种树木，繁育的侧柏苗大量出圃，供首都绿化之用。

1958 年，中央提出了"实现大地园林化"的号召，北京市委又提出了"绿化结合生产"的方针，天坛回收租地用于植树绿化，植树进入高潮期，1958 年天坛植树 3 万株。种植方式多样不统一，呈不规则分布。西大门至西二门种植合欢、椒树、毛白杨等，行道树栽植桧柏。

1958—1962 年，栽植苹果树进入高潮期。天坛外坛、内坛昭亨门南侧 33 万平方米的土地变为果园，总量达 9800 余株。

1959 年，将斋宫无梁殿前的丁香移栽至祈年殿西柏林西侧，即现在的丁香林（图 3-12）。

1960 年外坛耕地全部收回。

1962 年，伐除丹陛桥东侧梨树、核桃等杂树，栽植油松 3400 株，占地 8 万平方米，称为"大长幅"，该名称来源于耕地条幅长。新中国成立初期出租为耕地，后经过改造铺设了防火道路，增添了路椅，扩大了内坛游览区（图 3-13）。

1963 年，祈年殿西建成月季园，月季园西侧建百花园，园内种植各色花木数百株。

1964 年，栽植各种树木 20869 株，果园种植花椒绿篱。天坛的许多零星树种在这一时期栽植。树木总数量从新中国成立初期的 8000 株，增加至 1964 年的 20000 余株。

图 3-12　斋宫图无梁殿殿前

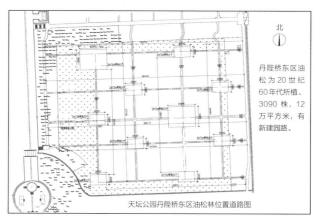

图 3-13　1993 年油松林地区改造

1974年，公园提出按天坛的历史意境恢复绿化。常绿树栽植配置保持在内坛范围。在古柏林中补栽桧柏，伐除垂柳、黑杨、榆树等落叶树。

1975年，对三座门南北路、百花园、圜丘坛等地区进行绿化，北大门至北二门以及新建的东门行道绿化栽植龙柏；1976年，由天安门广场移植120株40～50年生油松到北门内至北二门两侧。

1985年，在东门内南北行道两侧，栽植桧柏及油松332株。

1986年，北京市第二次园林会议指出："天坛是古老公园，绿化美化要突出自己的风格，要以古松柏、常绿树为主，讲究绿化大效果"，在北二门内行道两侧栽植油松100株、白皮松30株。1985—2001年逐年伐除果树。

1987年，春季植树在双环亭东侧栽植桧柏300余株。发挥松柏优势，以小区改造为重点，伐除坛内杂树，在祈谷坛西北、北二门内两侧、南门外两侧、圜丘南门外两侧、斋宫东门内及南侧、圜丘西侧等区域栽植柏树。东大门白皮松换成桧柏。

1988年，重点改造了原北京市花木公司花房拆迁东区、双环亭南北两侧、西二门外大路两侧，对北京市园林学校拆迁处及林区进行了改造补植。全年植树6043株。

1989年，结合西二门内路树改造、北大门内两侧绿地改造及零碎插绿，植树1658株。

1990年，开展"爱祖国、爱北京、爱文物、爱天坛"搬土山绿化工程，栽植桧柏1840株、侧柏300株、国槐65株。

1991年，绿化根据"市树为主、四季常青、内坛苍璧、外坛郊园"的规划要求，主要对南门内环路南侧、北二门内东侧等地植树绿化，共植树952株，其中常绿树837株、国槐115株。实行立体绿化，栽植地锦5400株。

1992年，天坛被北京市园林局评为黄土不露天达标公园。

1993年，改造油松林，伐除杂树300余株。设置道路和路椅。

1997年，依照天坛总体规划，对东北、西外坛进行绿化调整，以"保护古树、杂树让路；林木混交，地被自然；乡土树种，地方季相；规则种植，交错群落；晨练晚游，各得其所；郊坛风貌，游戏功能"为绿化设计方针，伐除西北外坛和东北外坛果树525株，种植侧柏、柏树、银杏1538株，丰富了外坛的植物品种。结合南神厨整组建筑修缮进行环境治理，栽植桧柏1050株。

1999年，将实现"黄土不露天"与公园大环境改造相结合，进一步增加公园绿地面积。重点对东西、南北两条中轴线及主干道和四大门区进行了绿化调整和大环境改造。三座门南侧植树于春季伐除果树314株，共计植树923株。

2000年，调整树木，凸显景观，对三座门内外、丹陛桥两侧等主要游览线路、月季园、百花园进行景区改造和调整，栽植桧柏，建植草地。建成三座门至小十字路口的绿色中轴线，将丁香林、月季园、百花园、双环亭、斋宫串联成绿色景点游览线。改造七星石景区，移植白皮松、榆叶梅等乔灌木251株，刨除绿篱170余米，铺设草坪1.7万平方米。

2001年，根据管理处制定的"景区、干道视线所及地带消灭黄土露天"的标准，绿化部门采取"拆迁还绿植树种草、黄土露天复层绿化"措施，景区干道视线所及（20米）地带种植人工草坪地被并设围栏，将晨练晚游者推向隐蔽处，防止因践踏而黄土裸露反弹；进行树木调整、补植，将果园、中山花圃拆除，种植桧柏、侧柏常绿树，东北、西北外坛小银杏地间植柏树；植树5229株，其中桧柏3403株、侧柏1826株。

占据天坛东北外坛的花木公司全部迁出，花木公司承包天坛绿化工程，种植桧柏、油松、侧柏3000株，沙地柏1100株，恢复绿地10万平方米。

2002年，按照天坛总体规划的要求，进一步充实内坛，完善发展外坛。围绕"公园景观效果进一步提高"的工作思路，通过设计这一环节将绿化、基建紧密结合起来，使得西门、双环亭景区向精品靠近，轴线景区得以完善提高。调整、移植树木728株，栽种国槐66株。

2002年8月，完成原花木公司地区绿化工作交接。接收常绿树3775株，草地72600平方米。及时刨除55株死树。

进行东北外坛、西北外坛、南门地区等地环境改造，补植树木1062株，其中油松3株、侧柏283株、桧柏776株。砍伐杂树绿篱100余株。

2003年，天坛公园以"建植绿地、强化景观"为原则，增强西门至西二门以及双环亭地区的景观效果，栽植红瑞木120株、迎春500株、紫薇10株、碧桃 8 株。对西北外坛原树班班部拆迁地进行绿化改造,栽种白玉兰和紫玉兰两个品种 40 株树。西门药圃园建植完成,共 16 畦,占地约 800 平方米。

2004 年,对七星石以南地区、神乐署、斋宫以南地区、泰元门路两侧地区进行树木移植共 398 株,其中桧柏 29 株、侧柏 348 株、国槐 21 株。凝禧殿院内栽植桧柏 6 株、银杏 4 株。影壁周边绿地共栽植桧柏 38 株、侧柏 10 株、龙柏 4 株、银杏 6 株、玉兰 4 株、国槐 8 株、油松 4 株。

完成了 2004 年天坛公园绿化建设项目,包括斋宫周围景区、丹陛桥东下坡至东天门景区、百花园景区及东北外坛景区,新增人工草坪 9.4 万平方米,栽植常绿树 467 株、落叶树 122 株、花灌木 807 株、宿根花卉 1500 株。

2005 年,继续对环境工作进行调整、改造、完善、提高,营造园林最佳发展环境,春季植树工作共计植树 109 株,其中桧柏 45 株、大油松 58 株、白皮松 6 株,分别栽于东门主路两侧、北门两侧、西北外坛和西南内坛。2004 年,国债项目补植各种乔灌木 345 株。

2006 年,北门内西侧原管理处拆迁,恢复绿地面积 8000 平方米,共栽植油松 13 株、银杏 17 株、桧柏 13 株。春季植树 40 株,其中桧柏 36 株、油松 4 株,分别栽于神乐署、北门和西南内坛。

2007 年,东北外坛景观完善,面积 6 万平方米,搭设廊架 3 座。移栽桧柏 16 株、银杏 10 株、栾树 20 株、国槐 10 株、旱柳 20 株、碧桃 36 株、紫薇 55 株,栽植宿根地被菊 1000 平方米。

对北门自行车棚、停车场和游客接待中心周边地区的绿化进行改造。停车场栽种 500 株大叶黄杨绿篱,补植 7 株国槐,游客接待中心周边栽植 20 株桧柏、10 株矮樱和 10 株现代海棠。

东大门至东豁口主路整理绿化用地 2778 平方米,栽植油松 11 株、桧柏 6 株。

北大门至皇乾殿北山墙整理绿化用地 5961 平方米,栽植棣棠 700 株、碧桃 35 株、侧柏 17 株、白皮松 15 株、紫薇 66 株。

西下坡至三座门以南主路整理绿化用地 7932 平方米,移栽侧柏 16 株、桧柏 9 株。

2010 年,双环亭北侧绿化景观提升,栽植红花碧桃 47 株,移植侧柏绿篱

270 株，改造绿地 18904 平方米。

2011 年，天坛公园完成油松林道路改造工程项目，整理绿化用地 31888.06 平方米，树池围牙及盖板 2000 平方米，移植侧柏 13 株、油松 29 株、黑枣 1 株。

2012 年，西北外坛路北绿地改造，极大丰富了该区域的植物种类，栽植元宝枫 16 株、山桃 83 株、棣棠 245 株、榆叶梅 93 株、紫丁香 91 株、桧柏 34 株、油松 35 株、国槐 35 株。

2016 年，对百花园进行改造，调整道路和树木，补栽牡丹和芍药。

2019 年，为配合北京中轴线申遗，位于天坛西南角的天坛园林机械厂腾退绿化。种植桧柏 604 株、国槐 18 株，绿地面积 36000 平方米。

园内行道树树种主要有：桧柏、国槐、核桃、龙柏、银杏。

园中坛路行道树见表 3-1。

园中坛路行道树
表 3-1

年份	道路	树种
1953	祈谷坛门至西天门	桧柏、国槐
1953	西天门至丁香林路	国槐
1975	三座门北至北内坛墙路	桧柏
1962	三座门南路	核桃
1975	北大门路	龙柏、桧柏
1986	北二门至皇乾殿路	银杏
1987	昭亨门至圜丘路	桧柏
1992	广利门至泰元门路	国槐
1990	斋宫东门至丹陛桥路	国槐
1986	斋宫南门外两侧	桧柏
1987	东大门路	龙柏、桧柏
2002	斋宫北门至双环亭路	国槐
1977	百花园行道树	西府海棠、龙爪槐

1957—1958 年，在大地园林化的绿化结合生产的思想指导下，回收的地亩用于植树绿化。1958—1960 年，栽植苹果树进入高潮期。

1957 年，天坛从辽东半岛引种苹果试种成功，大部分为国光品种。1958 年在斋宫南伐除速生树林，大面积栽种苹果，形成天坛第一片果园。1959 年又在昭亨门内两侧栽种苹果树百余株，占地 33.33 万平方米（图 3-14 ～图 3-16）。

1960 年，北京市园林局讨论土地规划"以农业为基础，以粮为纲，充分利用土地生产蔬菜，供应市场"为原则。开辟林间果园，果园中实施林粮、林菜间作。在广利门开办饲养场，养殖鸡、羊等家禽牲畜（图 3-17）。

1960 年，在西北外坛、东北外坛大面积栽种苹果，混植杏、梨、桃、海棠等果树。沿坛墙及园中甬路栽植柿树、核桃，林下大量种植小麦、玉米、高粱、白薯、白菜、萝卜、南瓜、蓖麻等农作物。1960 年，天坛有各种果树 9856 株，其中苹果树 5482 株、桃树 1221 株、梨树 228 株、海棠 1073 株、柿子 303 株、核桃 1018 株、杏 223 株、山桃 216 株（图 3-18）。

1962 年，圜丘坛东西两侧及东北外坛种植 3 年生苹果树千余株，种植玫瑰 4733 平方米。1962 年，果园主要果木有苹果、桃、梨、海棠、柿子、山楂、核桃、杏，共计 10856 株，占地面积 54 万平方米（表 3-2）。环果树植有花椒、玫瑰绿篱，以隔游人。

1963 年，天坛规划确定发展方向，其中第二条为发展果品生产。为加强管理，将各片果林与游览区隔绝，果树封闭分片按班管理。

图 3-14　工人在斋宫南侧铲除速生树，准备种果树
（1958年）

图 3-15　斋宫东侧整理土地

图 3-16　斋宫南侧准备栽植果树（1959年）

图 3-17　广利门开办饲养场，养殖鸡、羊等家禽牲畜

图 3-18　摘桃

1957—1962 年天坛果树栽植分布情况 表 3-2

栽植年份	1957	1958	1959—1960	1961			1962
地点	引种	斋宫南侧	昭亨门内西侧	昭亨门内东侧	西北外坛	东北外坛	圜丘东西两侧、东北外坛
数量（株）	—		2613	2202	2242	2799	1000

1971—1998 年天坛果品产量产值表 表 3-3

年份	年产量（千克）	产值（万元）
1971	74403.1	1.7871
1972	101234.3	2.6842
1973	184715.8	4.9016
1974	302201.0	10.0114
1975	417946.3	11.6760
1976	491272.0	16.3791
1977	477732.5	15.8987
1978	422556.5	13.5184
1979	638134.0	22.3420
1980	804326.0	31.1243
1981	876596.0	35.3375
1982	608761.5	27.9441
1983	857957.5	38.2015
1984	441352.5	29.6992
1985	740954.0	51.1685
1986	500769.0	45.1280
1987	537571.5	52.3542
1988	372657.5	41.4709
1989	494495.0	60.3440
1990	401663.5	48.8500
1991	439000.0	53.1679
1992	263000.0	23.0119
1993	290000.0	17.7242
1994	155500.0	7.2366
1995	155000.0	12.1512
1996	—	10.1759
1997	—	12.9114
1998	—	11.5424

20 世纪 70 年代，天坛果品产量逐年增加，1981 年达到最高值——876596.0 千克。1989 年果品产值达到 60.344 万元，果品销售款为当时公园的主要收入来源（表 3-3）。

由于天坛园林方针的调整，导致天坛果木数量逐年减少。20 世纪 60 年代初，位于祈年殿西北方向的葡萄园及桃园被改为花圃。1975 年，为组织两个节日的游园会，开拓东向园路，刨伐东北外坛果树百余株。1976 年将西北外坛果园一部分划属中山花圃。1983 年伐除斋宫南侧大片果树。1986 年伐除昭亨门内两厢苹果树，以后逐年逐片实施果园改造，伐除果树，改植柏树及银杏树。至 2001 年 3 月，除遗存少量柿树、杏、核桃、山楂等果木外，果园内苹果、海棠、梨、桃、葡萄全部伐除（表 3-4）。

<h3 style="text-align:center">1985—2001 年天坛伐除果树种类、数量表（单位：株）　表 3-4</h3>

时间	苹果	海棠	梨	桃	葡萄	山楂	杏	柿子	核桃	伐树总计
1985—1986 年	4446	719	128	1268		570	264	504	1797	9696
1991 年	4346	231	15	1198	327	275	164	514	1152	8222
1995—1997 年	3546	231	5	980		174	161	508	764	6369
2000 年	386	109	87	587	600	137	200	441	874	3421
以上总计	12724	1290	235	4033	927	1156	789	1967	4587	27708
2001 年 3 月	全部砍除					保留	保留	保留	保留	

1951 年，《公园管理委员会组织章程》第八条规定，管理者的职责是对树木、花卉进行经营和保养。

1953 年，园艺班 25 人。

1955 年，园艺一班负责树木草地，园艺二班负责花坛栽培，园务班负责林木养护、堵树洞及割除荒草。1955 年伐除古柏 84 株，其他树木 1728 株。

1958 年，使用"安二"型飞机喷洒农药消灭柏毒蛾、尺蛾、蚜虫、红蜘蛛等害虫（图 3-19）。

1962 年，北京市园林局批准将园内 180 株古柏伐除。

1962 年，实行全园分区定额管理，成立生产一队、生产二队、生产三队（园艺队）。园艺队成立树艺班专职管理古柏和其他树木。

1963 年，天坛实行统一领导、分区负责、保证重点、兼顾一般的树木养护管理办法，对百余株古柏进行整形修剪。

1971 年，北京绿化二大队、绿化三大队大规模修剪天坛树木，刨除古死树 40 株。

1981 年，设立园艺生产股负责全园绿化养护、花卉栽培、果树生产。

1985 年，部分古柏林区封闭围栏，保护古树生态环境。

1986 年 8 月，设立园艺队、果树队。

1995 年，设立绿化一队、绿化二队。

1996 年，设立成贞绿化公司（包含花卉队、绿化中心）至 2020 年 6 月。

2022 年，绿化一队更名为园林西队，绿化二队更名为园林东队。

图 3-19　飞机撒药

自 20 世纪 50 年代至改革开放期间，天坛部分内外坛绿地属性有所改变，被占用、改用，或举办大型活动。

1954 年，天坛被定为"文化公园"，开展文化活动，以"文化与休憩相结合"为发展方针，在内坛开辟增设文艺场所，增添体育活动设施（图 3-20）。

1965 年，北京市建设局将南外坛 20 万平方米土地划为建筑用地。崇文区体委在天坛东外坛借地 2.93 万平方米建运动场。

"文化大革命"期间，1966 年 7 月，北京市建设委员会工作组进驻天坛公园，成立了"天坛公园文化革命领导小组"，设红卫兵接待站。 1967 年天坛公园党支部及行政机构瘫痪，天坛东西外坛土地被占用 8.8 万平方米，建成居民楼、副食店、中学小学教室、煤厂、射击场、工厂等（图 3-21、图 3-22）。

1968 年 10 月，北京市规划局批准崇文体委、地铁工程局、北京市供电局等单位占用天坛东外坛、南外坛等土地 1.38 万平方米。在西外坛 1970 年建"582"电台（图 3-23）。

1974—1990 年，天坛堆土山占用内坛。20 世纪 70 年代，出于战备考虑，北京开始修建地下人防工事，挖"防空洞"，产生大量土方。1974 年，决定将挖防空洞的土，堆放在丹陛桥西侧、斋宫东侧，占地 6 公顷，高度 45 米，形成天坛土山（图 3-24 ~ 图 3-26）。

1971—1978 年，"十一"举行游园活动并举办声势浩大的文艺演出。1979 年 4 月，北京市第一、二商业局联合举办商品展销会，每天都是人山人海，购销两旺。1980 年 9 月、1981 年 9 月还举办了商品展销会（图 3-27）。

20 世纪 70 年代末期，园内有马术、魔术、游艺项目等设施（图 3-28）。

图 3-20 文化与休憩相结合

图 3-21 东外坛 1966 年航拍图

图 3-22 东外坛

图 3-23 "582"电台

图 3-24 防空洞

图 3-25　站在土山顶远观祈年殿

图 3-26　土山位于圜丘西北方向

图 3-27　商品交易会（1979 年 4 月）

图 3-28　游艺（1979 年）

第四章

苍翠瑰宝 绿色生态

天坛位于天安门东南，永定门内大街东侧。地理坐标为北纬39°52′23″～39°53′12″，东经116°23′39″～116°24′51″。北邻金鱼池社区、东邻四块玉社区、南临护城河、西邻永定门内大街。园区土壤类型以潮土、沙壤土为主；土壤质地偏黏，易涝易旱；土壤pH范围在碱性至强碱性区间（7.96～8.93）；有机质含量为中等水平。天坛园区平均海拔高度42米，高于周围地区。

天坛坛域203公顷，绿化面积152.6公顷，绿化覆盖率达75%。灌溉使用自来水、中水及地下水。全年无霜期190天左右，大于0℃年积温4100～5500℃，大于10℃年积温3600～4800℃，年降水量600毫米左右。春旱多风、夏热多雨、秋高气爽、冬季少雪。常年园内温度比周围地区低。对于城市而言是不可多得的"绿肺"。据2016年的植物调查数据，天坛公园内维管束植物共计75科、214属、280种及42个种下分类单位，总计322种。树木总数达4.1万余株，是名副其实的呼吸着的"城市绿肺"（图4-1）。天坛是北京城区内最大的古柏群落公园绿地，发挥着市民休闲游憩功能与历史文化展示功能，承载着复合型历史文化公园的重任。

园林植物是大气中氧的主要生产者，发挥着不可替代的作用。如果以成年人每日呼吸需要0.75千克氧气，排出0.9千克二氧化碳计算，则10平方米的树林面积或是30～50平方米的草坪，就可以消耗掉一个成年人因呼吸排出的二氧化碳，供给所需要的氧气。由此可见，园林植物对调节空气有着重要的作用。

天坛内树木种植，内坛以常绿乔木为主，外坛以落叶林和混交林为主，另有油松、丁香、杏、栾树等片林。植物种类较为丰富的区域为百花园、月季园、科普园及东北外坛。百花园占地3公顷，栽植各类乔灌草植物，建有牡丹、芍药圃。月季园占地1.3公顷，栽植月季7000余株，200多个品种。科普园占地1.1公顷，种植90余种观赏及药用宿根植物，作为生态科普活动基地向民众开放。

园内地被分为自然地被和人工地被。自然地被优势种得到利用，自然草地占地面积 77 公顷，占全园草地面积的 50.5%，主要分布在西北外坛及内坛的古柏林区，有二月蓝、抱茎苦荬菜等，共有草本植物 140 余种。人工地被面积 73 公顷，分布在古建区域及主游览线上，种植早熟禾类、涝峪苔草、青绿苔草、异穗苔草、山麦冬、玉簪等植物。

图 4-1 城市 "绿肺"

一、解读柏树

古人敬畏天，探索宇宙万物，认为"万物本乎天"。意即"天"是宇宙万物生命的起源。万物运作的规律是自然的驱使，形成万物有灵的思想及图腾崇拜。在崇尚自然、道法自然理念下，古人给松柏赋予了人的精神品质和寓意，超越了松柏作为自然物的范畴，形成了松柏文化及现象，认为松柏是"通灵之木"。

（一）松柏苍官

松柏为百木之长，松犹公也，柏犹伯也。在"公侯伯子男"五爵中，松列第一位，柏列第三位（图4-2）。《史记》记载秦始皇因在泰山松树下避雨，这棵松树被封为"五大夫"，后人称之为"苍官"。始建于596年的山西绛守居园池"有柏、苍官、青士拥列，与槐朋友"。明代文微明为拙政园得真亭绘画作诗，描写栽种松柏已结了果，一年四季都是常青的。"手植苍官

图4-2 东晋苍官（戴熙，1801—1860年）

结小茨，得真聊咏左冲诗。支离虽枉明堂用，常得青青保四时"（图4-3）。

图4-3 拙政园得真亭文徵明诗

（二）木之正气

柏，《说文》作"从木白声"。"柏，阴木也。木皆属阳，而柏向阴指西，盖木之有贞德者，故字从白。白，西方正色也。"柏树四季常青，古人认为柏树通于神灵，被我国古代先民作为祭祀、陵寝之木并流传下来。明代天地坛、圜丘坛周围植柏，天子以祀天。以柏作为与天沟通的神木媒介。帝王以柏为椁，期望死后灵魂栖息于西方。

古人认为万物本乎天、万物皆有灵，并敬畏自然、尊崇自然，遵循自然规律。文天祥"正气歌"描写了天地之间的正气："天地有正气，杂然赋流形。下则为河岳，上则为日星。于人曰浩然，沛乎塞苍冥。"柏木的灵性为正，明代李时珍《本草纲目》中引用宋代医药学家寇宗奭所言："予官陕西，登高望柏，千万株皆一一西指。盖此木至坚，不畏霜雪，得木之正气，他木不及。所以受金之正气所制，一一西指也。"

（三）苍璧礼天

玉璧是我国古代最隆重的礼器，历史延绵了5000多年，蕴含着厚重的传统文化内涵。

苍璧（青色的玉璧）是皇帝祭天专用礼器（礼仪玉，图4-4）。皇帝以苍璧祀天，是遵循古人天圆地方的传统理念。古人认为天道圆，又是苍色，因此以玉的颜色和形制，来配合阴阳五行之说，从而产生了祭天的礼器。

南北朝时期的《三礼义宗》记载："苍璧所以祀天，其长十有二寸，盖法天之十二时"。

图 4-4　苍璧（清代）

清代《皇朝礼器图式》记载："天坛正位苍璧，谨按，《周礼·春官·大宗伯》：'以苍璧礼天。'注：'礼神者必象其类，璧圜，象天。'疏：'苍玄皆是天色，故用苍也。'本朝定制天坛正位用苍璧，圆径六寸一分，好径四分，通厚七分有奇。"

天坛祭天仪程第二项是奠玉帛：皇帝升坛，将苍璧、帛奉上，乐奏景平之章，这是祭天礼仪的重要标志，含有天人合一的象征意义。

（四）百木之长

西汉史学家司马迁在《史记》中记载："松柏为百木之长。其树耸直，其皮薄，其肌腻。其花细琐，其实成梂，状如小铃，霜后四裂，中有数子，大如麦粒，芬香可爱。柏叶松身者，桧也。其叶尖硬，亦谓之栝。今人名圆柏，以别侧柏。松叶柏者，枞也。松柏相半者，桧柏也。"柏象征有贞德者，不同流合污，坚贞有节，地位高洁。在民俗观念中，柏的谐音"百"是极数，言其多其全，诸事以百盖其全部：百年、百事、百川等。

（五）单属侧柏

侧柏（*Platycladus orientalis*）为柏科、侧柏属常绿乔木，高可达 20 米，幼树树冠卵状尖塔形，老树树冠广圆形，树皮薄，浅灰褐色，纵裂成条片。枝条向上伸展或斜展，生鳞叶的小枝细，向上直展或斜展。叶鳞片状，交叉对生，两面均为绿色，扁平，排成一平面。雌雄同株，花单性。雄球花卵圆形，黄色。雌球花近球形，蓝绿色。被白粉。球果近卵圆形，成熟前近肉质，蓝绿色，被白粉，具明显尖头，成熟后木质，开裂，红褐色。花期3—4月，球果成熟期9—10月（图4-5）。

喜生于湿润肥沃排水良好的钙质土壤，适应性强，对土壤要求不严，耐瘠薄、耐寒、耐旱、抗盐碱，在干燥、贫瘠的山地上，生长缓慢，耐涝能力较弱，忌积水（图4-6）。

浅根性，侧根、须根较发达。萌芽性强、耐修剪、寿命长。抗烟尘，抗二氧化硫、氯化氢等有害气体。分布广，为中国应用最普遍的观赏树木之一。北京常见观赏树种。

天坛栽植于1区、2区、11区、15区、19区等区域［见前文"天坛公园古树分区分布现状图（2009年）"］。

（六）原种桧柏

圆柏（桧、桧柏）*Sabina chinensis* 为柏科、圆柏属（图4-7、图4-8）植物。常绿乔木，高可达20米，树皮深灰色，纵裂，呈条片开裂。幼树树冠尖塔形，老树树冠广圆形。幼树的枝条通常斜上伸展，老树下部大枝平展，小枝通常直立或稍呈弧状弯曲。圆柏有两种叶形，轮生。针状叶与鳞状叶，基部无关节，下延。幼树多为针状叶，壮龄树兼有针状叶与鳞状叶。花单性，雌雄异株，稀同株。球花单生短枝顶端。雄球花黄色，椭圆形。雌球花蓝绿色，近球形。雄蕊一般为5～7对。球果近圆球形，成熟时暗褐色，被白粉或白粉脱落。花期4月。球果翌年成熟。

圆柏喜光，较耐阴。长寿树种。喜温凉、温暖气候及湿润土壤。忌积水，耐修剪，易整形。耐寒、耐热，对土壤要求不严，对土壤的干旱及潮湿均有一定的抗性，忌水湿。萌芽力强，耐修剪。深根性，侧根也很发达。对多种有害气体有一定抗性，是针叶树中对氯气和氟化氢抗性较强的树种。能吸收一定数量的硫和汞，防尘和隔声效果良好。为北京公园常见观赏树种。

天坛栽植于3区、4区、6区、16区、32区等区域［见前文"天坛公园古树分区分布现状图（2009年）"］。

图 4-5 侧柏

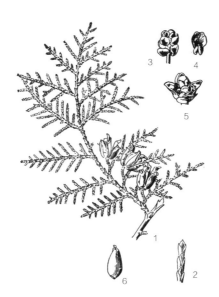

1—球果枝；2—鳞叶枝；3—雄球花；4—雄蕊；
5—雌球花；6—种子

图 4-6 侧柏墨线图（图片来源：《中国植物志》，冯金环 绘）

图 4-7　圆柏

1—球果鳞叶枝；2—刺叶枝；3—鳞叶枝；4—种子

图 4-8　圆柏墨线图（张桂芝　绘）

二、古树保护

（一）古树名木

古树名木是不可再生资源。天坛遗存古柏大多栽植于明清两代，最老古柏与紫禁城同岁，是祀天文化遗产上的璀璨明珠，是昔日祭坛环境的重要元素。它们见证了天坛历史，阅尽了世间风云，经历了沧桑巨变，具有历史文化遗产保护和植物资源保护的双重价值。

2007年北京市园林绿化局制定并颁布《古树名木评价标准》DB11/T 478—2007，明确了北京市古树名木的定义和评价标准：古树，指树龄在100年以上的树木；名木，指国家元首、政府首脑、有重大国际影响的知名人士和团体栽植或题咏过的树木，以及在北京地区珍贵、稀有的树木。一级古树，指树龄在300年（含300年）以上的树木；二级古树，指树龄在100年（含100年）以上300年以下的树木。

天坛自建坛栽植柏树至今，遗存下来的古树有3562株。按树种：一级古树1147株，二级古树2415株。按品种：侧柏2335株，桧柏1202株，国槐22株，银杏2株和油松1株。按种植方式：内坛规则行列种植，2695株，株行距6～8米。外坛散植867株。天坛的一级古树占北京市一级古树总量的18.74%，二级古树占北京市二级古树总量的7.26%。古柏林地面积达25公顷（图4-9）。

天坛古树名木众多，簇拥在古建筑周围或散落坛域。这些古树虽然饱经风霜，却仍然枝干遒劲，郁郁葱葱，充满着盎然生机与活力。这些古树历经600年，是活的文物。因其姿态奇特、让人浮想联翩，有九龙柏、迎客松、问天柏、莲花柏、柏抱槐等诸多知名古树，吸引了众多中外游客前来观赏留念。

1. 九龙柏

又名"九龙迎圣"。桧柏，北京市一级古树，树高逾8.5米，胸径114厘米，位于皇穹宇西北侧。树形蜿蜒起伏，树干扭曲缠绕，宛如九龙盘旋，森然欲动。传说乾隆皇帝来到皇穹宇，朦胧中听到一种声音，寻声发现九蛇迎圣，后小蛇化作"九龙柏"。2018年12月"九龙柏"被评为北京"最美十大树王"（图4-10）。

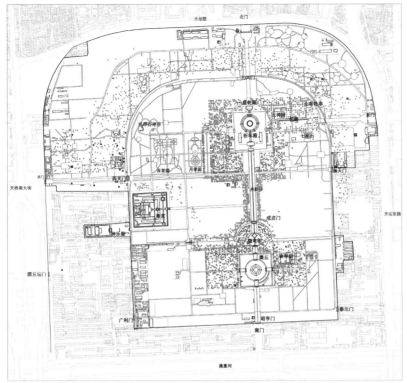

A级古柏 ■ A级国槐 ◆ 银杏 ✳ B级古柏 ■ B级国槐 ◆ 油松 ▲

图 4-9 古树保护区图（2007 年）

图 4-10 九龙柏

图 4-11 莲花柏

2. 莲花柏

侧柏，北京市一级古树，树高7.6米，胸径200厘米，位于北神厨东墙外长廊北侧。树干基部庞大，分为五枝，形似巨大的木莲花，因而得名"莲花柏"（图4-11）。

迎客柏又称"佛肚柏"，桧柏，北京市一级古树，树高9.5米，胸径138厘米，位于九龙柏西侧坛墙"月洞门"旁。树干枝条多生于西侧，蜿蜒起伏，宛如一只巨手伸出迎接八方来客，故而称为"迎客柏"。因其主干基部的树瘤奇特，形似佛肚，又称"佛肚柏"（图4-12）。

3. 问天柏

桧柏，北京市一级古树，树高11米，胸径91厘米，位于皇穹宇西侧。树顶有两枯枝，似一位古人高昂着头颅，衣带飘动，有力的手臂指向天空，好像满怀悲愤的屈原在质问苍穹。1986年，一扬州游客觉其状酷像屈原问天，故以"屈原问天"题其景，遂有嘉名（图4-13）。

图4-12 迎客柏

图4-13　问天柏

4. 槐柏合抱

又称"柏抱槐"。为北京市一级古树，是天坛的一处著名景观。树高10.5米，合抱胸径183厘米，槐树胸径70厘米，位于内坛祈年殿东侧。因国槐长于古柏树干基部中而得名。这里的柏为侧柏，树龄500余年，槐树树龄亦逾百年。

柏抱槐是先柏后槐。侧柏为三干基部联合，由于自然的因素，槐树种子落入柏树树干基部萌发而生长，使得柏树怀抱槐树。槐、柏主干粗细相当，树皮显现出对比的质感。柏抱槐夏季冠如伞盖、密枝浓阴，冬季槐枝林立，古柏冠部浓郁苍翠，虚实相生（图4-14）。

5. 卧龙柏

侧柏，北京市一级古树，树高7米，胸径41厘米，位于祈谷坛西柏树林区。1990年7月7日雷劈导致该柏树倾倒，在去与留的问题上管理人员进行了激烈的争论，该树最终采取维持倾倒状态，制定枝干修剪支撑、围砌树池的抢救措施。因该树状似卧龙被命名为"卧龙柏"（图4-15）。

6. 神乐槐

国槐，北京市一级古树，树高24米，胸径150厘米，位于神乐署显佑殿西北角，因在神乐署内而得名"神乐槐"。其树形端庄持重，像一位深谙中和神髓的老夫子凝立殿前，向我们诉说着百年沧桑（图4-16）。

7. 人字柏

侧柏，北京市二级古树，树高8米，胸径61厘米，位于祈谷坛东柏树林内（图4-17）。

天坛古树名木分布见图4-18。

图 4-14　柏抱槐

图 4-15　卧龙柏

图 4-16　神乐槐

图 4-17　人字柏

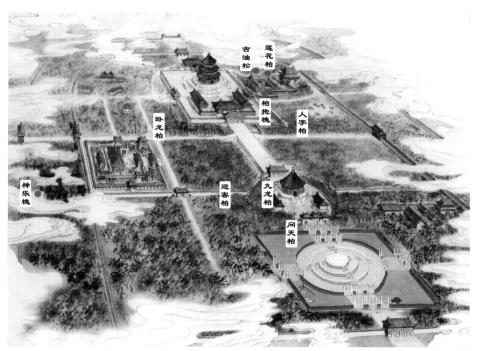

图 4-18　天坛古树名木分布图

（二）管理保护

自 1947 年民国时期的古树普查后，新中国成立后多次开展古树普查。1949 年坛庙管理事务所开始对天坛树木重新划区编号。1953 年普查古树种类、规格及生长情况，将所有古树重新进行编号并钉牌注明，绘制古树分布图。

1972 年开始，北京市园林局组织进行了天坛古树修剪工程，对天坛古松柏的干枝死杈进行修剪，并将死树伐除。1973—1980 年每年对古树进行修剪。

1974 年，公园提出按坛的意境恢复绿化，去除大量落叶树，减少古树竞争树木，改善古树的生长条件。

1983 年，天坛完成了全园范围内的古树普查，将全园古树分为 24 个区。共有古树 3566 株，掌握了古树分布情况。一级古树建立档案，二级古树建立卡片。

1985—1991 年，天坛对古柏养护加强了投入，做渗井、铺设透气砖，改善古树的立地环境，采取对古树进行支撑、古柏群落整体围栏封闭管理、设立保护区、实施植被保育等一系列复壮养护措施。建立封闭养护区 9 片，围栏 2085 延长米，面积 13240 平方米，为养护区内 936 株古树创造了良好的生态环境。重点古树单株围栏 10 株。在古树区内开挖透气渗水井 150 个。铺设透气砖 15500 平方米。支撑古树 26 株，拆除了影响古树生长的非古建筑，破除古树周围沥青路面。埋设水管解决了古树的浇灌问题。

1982 年 3 月，国家城建总局下发《关于加强城市和风景名胜区古树名木保护管理的意见》，对古树名木的范围作出了规定。1985 年 6 月，国务院发布《风景名胜区管理暂行条例》。1986 年 5 月 14 日，北京市人民政府颁布《北京市古树名木保护管理暂行办法》。1987 年 6 月，建设部发布《风景名胜区管理暂行条例实施办法》，明确提出："风景名胜区内的古树名木要严加保护，严禁砍伐、移植，要进行调查、鉴定、登记造册，建立档案。经鉴定的古树名木要悬挂标牌，具有特殊价值和意义的还应专门介绍。"1991 年 3 月，建设部再次下发《关于加强古树名木保护和管理的通知》。

1992 年，《天坛总体规划（1992—2007）》制定了绿化原则是扩大内坛苍壁，外坛郊园。1998 年 12 月 2 日，天坛被联合国列入世界遗产名录。

1998 年 8 月 1 日起施行《北京市古树名木保护管理条例》等法规。2000 年 9 月执行建设部颁布的《城市古树名木保护管理办法》。

2001 年 9 月 26 日，全国绿化委员会、国家林业局下发《关于开展古树名木普查建档工作的通知》（全绿字〔2001〕15 号），并附《全国古树名木普查建档技术规定》，规定了古树名木的范畴，规范普查建档工作。

2001 年起，北京市园林局启动了 GPS 系统定位普查古树工程。2004 年，完成了城区 1 万余株古树的卫星定位，并被纳入电子地图。完成对天坛公园、香山、颐和园的古树普查。历时四年，城八区古树全部建立"卫星户口"，古树 GPS 管理系统正式建成。

北京市城市园林绿化资源普查每五年一次（1991 年、1995 年、2000 年、2005 年、2008 年 3 月—2010 年 2 月、2014 年 3 月—10 月、2019 年 3 月—10 月，图 4-19）。

2007 年，北京市园林绿化局第三次古树普查。统一普查、挂牌，以加强对古树名木的管理。2017 年，北京市园林绿化局启动第四次古树名木资源调查工作。完善升级北京市古树名木资源管理信息系统，古树名木的生长状况和管护情况纸质版与电子资源档案同步。实现古树名木资源管理的动态化、信息化。换上新版树牌，增加了二维码、年代等信息，为古树名木保护管理保驾护航。

2009 年 8 月，《天坛总体规划（2009—2025 年）》获得北京市公园管理中心审核批准。第八章遗产保护规划将历史空间格局和古树名木分别列为天坛遗产的 6 类保护对象之一。历史空间格局中包括

图 4-19 普查汇编（1991—2005 年）

植物格局。天坛林木保护原则，在种植上延续内坛以"仪树"行列式配置为主、外坛以"海树"自然式配置为主的绿化格局。

2009 年 5 月—2019 年 5 月，各级管理部门相继颁布了古树名木鉴定、普查、保护复壮技术以及日常养护管理等一系列行业标准与技术规范。《古树名木保护复壮技术规程》DB11/T 632—2009 于 2009 年 5 月 1 日起实施。2011 年 4 月 1 日起实施《古树名木日常养护管理规范》B11/T 767—2010。2017 年 1 月 1 日起实施《古树名木鉴定规范》LY/T 2737—2016。《古树名木普查技术规范》LY/T 2738—2016 于 2017 年 1 月 1 日起实施。《古树名木生长与环境监测技术规程》LY/T 2970—2018 于 2018 年 6 月 1 日起实施。《古树名木管护技术规程》LY/T 3073—2018 于 2019 年 5 月 1 日起实施。2017 年 1 月 1 日起执行国家林业局发布的古树鉴定、普查两个行业规范标准——《古树名木鉴定规范》LY/T 2737—2016 和《古树名木普查技术规范》LY/T 2738—2016。2018 年 6 月 1 日起实施国家林业局发布的《古树名木生长与环境监测技术规程》LY/T 2970—2018。2019 年 5 月 1 日起实施国家林业和草原局发布的《古树名木管护技术规程》LY/T 3073—2018。

自 20 世纪 90 年代以来，天坛公园古树名木保护管理工作始终处于首要位置，逐步推进古树名木保护管理、养护，向法制化、制度化和规范化方向发展，贯彻落实相关条例、办法及规范。逐步制定了天坛古树保护复壮技术、养护技术、有害生物防治技术规范以及古树日常养护流程等，让古树名木得到有效保护与合理利用。

一、古树衰弱原因

（一）古树自身生理老化

在百年以上的漫长生长岁月中，古树渐渐进入老龄化，光合作用能力逐渐降低，生长势逐渐减弱，自身的生理机能在不断退化。

（二）不良因素影响

1. 地下水位降低

据《科技日报》报道，自 1972 年以来，北京遭遇了极为严重的干旱，地表水严重缺乏，北京开始大规模开采地下水。1999 年以来，北京进入明显的少雨时期。由于长期大量抽用，而雨水不足，无法回补，致使天坛地区地下水位深达 20 米左右。长期土壤缺水，造成部分古树生长势下降，生长量减少。

2. 自然灾害

风雨雷电、雨雪等不良天气造成树干劈裂，折枝。

1990 年，公园二区内 1 株胸径 1.1 米、树高 11.2 米古侧柏被大风刮倒。

1996 年 8 月，一株胸径 46 厘米、树高 11 米的古柏被雷击，树干形成 5 米长的裂缝。

2003 年 11 月 6 日夜至 7 日晨，北京降暴雪，给天坛古树造成罕见的损伤，其中严重受损 46 株，1760 株压断枝干，1756 株枝杈受损。还有大量其他植物被暴雪压折，全园职工集中修剪、清理折枝断杈 6546 压缩方，历时近两个月。

3. 土壤板结贫瘠

古树生长年代久远，常会经历各种历史事件，如战争、大规模人员活动等，都会影响植物的正常生长。天坛古柏林内曾多次搭建临时住所，生活污水使土质严重板结碱化。1971—1978 年劳动节、国庆节举行声势浩大的文艺演出及游园活动（图 4-20、图 4-21）。1979 年 4 月、1980 年 9 月、1981 年 9 月，北京市于天坛公园举办商品展销会，人山人海。

自 20 世纪 80 年代，随着旅游事业的兴起，来园游客日益增多，人员密集，土壤踩踏严重，导致土壤密实度高、透气性差，严重影响土壤与大气的水气循环，破坏了古树正常的根系功能。

4. 病虫害危害

天坛园内古柏数量多，其主要病虫害为蚜虫、红蜘蛛及蛀干害虫。干旱炎热的气候会造成蚜虫、红蜘蛛的猖獗，由于树体汁液大量损耗，水分不能及时补足，造成树势迅速衰弱，进而引起蛀干害虫的危害，导致枯枝干枞，严重的使古树死亡。1935 年就发生了因双条杉天牛危害致使大量古树死亡的事件。1966 年至 1976 年，部分古柏死亡也是由于虫害泛滥所致。另外苹（梨）桧锈病的发生也会造成柏树树势的衰弱。20 世纪 50 年代末期，天坛大建果园，种植苹果、海棠、梨等果木，果树与古桧柏混种，苹（梨）桧锈病的泛滥，造成古树树势衰弱（图 4-22、图 4-23）。

5. 工程绿化建设

古树周围园内道路建设、水电管线铺设等工程导致渣土、灰块等遗留土壤内，既改变了古树生长环境，还会导致古树伤根。在古树林内铺设喜水草坪，由于草坪生长需要大量浇水，密集的草根层覆盖土壤影响古树根系呼吸和树木发育，形成树草矛盾。

二、古树日常养护

管理机构分立绿化科，实行管理处绿化科、绿化队、古柏班三级管理机制。管理人员上设古树保护工程师，队级设古树技术员，分工负责古树保护、档案管理。

图 4-20　游园会演出藏族舞蹈（1974 年 5 月 1 日）

图 4-21　国庆节游园会（1975 年）

图 4-22　锈病为害海棠叶片

图 4-23　柏树上的菌瘿

在日常养护技术、改善环境措施及古树有害生物防治等方面按照行业标准实施。

（一）检查巡护

定期检查巡护管区及监管地区古树名木。

（二）巡视内容

1. 树木生长状况

主干大枝是否有树洞，主干是否倾斜，枝叶是否有萎蔫现象或受损痕迹，是否有有害生物危害，干、枝、叶、花、果是否有异常的颜色或物候变化等。

2. 古树名木附近环境动态

树冠垂直投影外沿 5 米范围内：禁止地上地下动土或铺不透气地面。此范围内施工，事先采取保护古树名木的措施。监督古树名木保护区内施工防护措施以及古树名木周围施工状况。严禁设置排放污水的渗沟，不准在树下堆放污染品及物品。检查周围树木是否影响古树名木生长。古树名木与周围建筑及电线线缆在空间上是否矛盾。检查古树名木养护设施是否完好，管理措施是否到位，制止人为破坏古树的行为。发现问题，及时处理并报告科队古树主管。做好巡视记录。

（三）水肥调控

（1）生长势正常的情况下，古树名木浇春水、冻水，进行春季施肥。

（2）控制绿地内喷灌水量、微喷头方向，禁止喷头直喷树干。

（3）有渗井的古树，春秋季可由渗井浇水。

（四）树冠整理

（1）枝条整理。对枯枝、死权和病虫害严重的枝条进行清除。

（2）对伤残、劈裂和折断的枝条及时进行处理并做好伤口保护。

（3）对坐果过多已影响树势的树木进行幼果期人工疏果。

（4）奇特观赏价值的古树，保留其原貌，对枯朽部分采取防腐等处理。需修剪的由有关技术专家制定修剪方案，并报主管部门批准后实施。

（五）有害生物防治

（1）加强有害生物的监测工作，发现疫情及时报告主管部门。

（2）防控措施以生物、物理防治为主，科学合理使用化学防治。

（六）档案管理

（1）古树名木实行一树一档，记录编号、位置、生长状况及日常管护情况等。

2012年，建立古树保护管理、养护信息化管理系统，每株古柏树上都安放信息钉。手持终端读取芯片代码信息，与电脑数据库一致。确保古树档案位置、编号、养护记录等信息数据的准确性。按时填写养护档案记录，确保养护档案的连续性与完整性（图4-24）。

（2）管护记录要求日期无误，事实清楚、记录准确、应对措施合理。

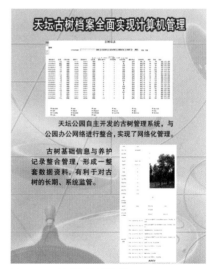

图4-24　古树档案计算机管理

（七）古树科普宣传

举办古树文化科普活动。普及古树名木与文化知识，人人参与，保护古树，爱护古树，珍惜古树。增强人们的绿化与环境意识，促进精神文明和物质文明建设（图4-25）。

图4-25　古树科普活动

三、保护复壮技术

古树复壮养护方案要经专家组实地考察论证。

（一）树体预防保护

1.设立围栏保护

单独围栏：对不易成片围栏的重点古树单独围栏，重点保护。孤立树树干距围栏的距离应不小于3米，围栏高度宜大于1.2米。

保护区围栏：针对古树集中的古树群进行整体围栏保护。1985年开始，天坛对古柏群进行片状围栏，根据实际情况建成成片封闭围栏养护区，共计11个，面积15万平方米，为养护区内千余株古树创造了良好的生存环境。

2.树体支撑

古树历经沧桑，有枝干倾倒或折断的可能，应及时采取铁箍或螺纹钢加固支撑等措施。

（1）支柱选用直径为100 ~ 150毫米的镀锌管或铁管支撑，铁管外涂防腐漆。

（2）支撑杆上端与被支撑主枝干之间安装有曲形钢制托板，其内加软垫。

（3）支撑点选在树体或主枝平衡点以上适宜位置，支柱与被支撑主干、主枝夹角不小于30°。

（4）支柱下端埋入地下水泥浇筑的基座，确保稳固安全。

（5）每年定期检查支撑设施，当树木生长造成托板挤压树皮时适当调节托板。

（6）树体劈裂可用铁箍加固：选用扁铁制作而成的圆形铁箍加胶垫，一侧用螺丝钉拧紧。

3.树洞修补

树洞修补包括堵洞修补和洞壁修补。古树树龄过长，树干有部分糟朽、开裂及树洞。要对洞内腐朽物质湿度大、不通风、水分不宜排出的树木进行堵洞修补；对树体多洞、树洞开裂、干燥、通风良好的树木进行洞壁修补。

（1）树洞修补流程：清腐→防虫防病（喷杀虫剂、杀菌剂）→防腐（涂熟桐油2遍）→洞内架龙骨→丝网涂防水胶封堵洞口→树皮仿真修复→洞壁设通风、排水口。

（2）洞壁修补流程：清腐→防腐（涂熟桐油2遍）→内外加固。

（二）改善环境复壮技术

1.土壤改良

为解决古树的透气、施肥、浇水问题，采用复壮沟（穴）、渗井、通气管相结合，增强土壤通气排水能力以及根系活力，创造适宜古树根系生长的优良地下环境。

（1）复壮沟设置：以放射状沟为主，长80～100厘米，宽和深60～80厘米，长度外缘多在树冠垂直投影外侧50厘米，内缘在距离主干外侧150厘米处。复壮基质采用栎、槲的自然落叶、腐殖土、生物活性有机肥、微生物菌肥。单株古树在一个生长周期内可以挖4～6条复壮沟。

（2）通气管设置：结合复壮沟可竖向埋设通气管。用直径约10厘米的硬塑料管打孔包棕做成。从地表层到地下竖埋，管高度80～100厘米。

（3）渗井设置：深 120 ~ 150 厘米，底部直径 120 厘米，收口直径 60 ~ 80 厘米，井内壁砌砖不勾缝，可以向四周渗水，井口加盖。可用于古树浇水、施肥。每个渗井可解决 2 ~ 4 株古树的透气、施肥、浇水问题，于每年春秋两季向井内施肥浇水。

（4）挖孔、穴复壮：在古树吸收根分布范围内均匀布点 8 ~ 12 个，钻孔或挖土穴。钻孔直径 10 ~ 20 厘米，深 100 厘米。土穴长、宽各 50 ~ 60 厘米，深 60 厘米，孔穴内填满基质肥料。

2. 地上环境改良

（1）伐除或修剪古树名木树冠投影内影响其生长的植物。

（2）古树名木附近的铺装地面采用透气铺装，熟土上加砂垫层，砂垫层上铺透气砖，砖缝用细砂填满，不能用石灰、水泥勾缝。在游人集中地区铺设透气砖，减少人为践踏造成古树周围土壤密实、土地裸露等问题。1985 年在圜丘两侧铺设透气砖 2500 多平方米，1990 年铺设 3000 多平方米，1991 年铺设 1 万平方米。

（3）减少植草对古树的影响。采取必要措施，解决树草矛盾。逐步清除古柏林下影响柏树根系生长的冷季型草，代之以山麦冬、涝峪苔草等耐旱植物。

（4）保护林下自然草地。对林下的草地实行低成本养护，通过适时修剪保持草地的景观效果，通过补充地被植物种类，加之适度的水分补充，维护生物多样性，保持古柏群落的稳定性。

一、占地腾退

1911 年辛亥革命推翻了清王朝，天坛的祭坛功能消失了，1918 年天坛辟为公园向公众开放。天坛土地经过林场育苗植树、收割饲草农耕等一系列利用与使用。新中国成立后，建立苗圃、普遍造林、广植果木、调整树种、扩建、构建林地植被群落，栽植新的生态修复柏林，增加了乔木、灌木、果木、地被及花草的种植。此外新植柏树逐渐成林，新老柏林衔接，苍翠景观充满坛域。1992—1993 年统计，木本植物有 113 种。

占用内坛的单位于 20 世纪 80 年代逐步搬迁，内坛归属天坛管辖，建植柏树林。

1975 年，位于内坛祈年殿西北侧的北京市花木公司的一部分，迁移至东北外坛，占地面积 7.33 万平方米。北京市花木公司前身为 1956 年成立的天坛花圃，隶属北京市园林局。1987 年花木公司全部从内坛迁至东北外坛，2001 年花木公司从外坛迁出天坛（图 4-26）。

图 4-26　花木公司花卉市场公司

1982 年，位于北二门内的北京市第二市政工程公司迁出。1983 年，位于南神厨院内的北京无线电学校迁出。

1990 年，搬走土山，恢复天坛的历史原貌。天坛内坛土山于 1974 年逐步堆成。北京市政府成立了"爱祖国、爱北京、爱文物、爱天坛、搬土山"指挥部，以"搬掉天坛土山，恢复古园神韵"为口号，下属运输、后勤、宣传等 6 个部门。整个移山工程用时 90 天，移走土方 80 万立方米。边移土边平整土地，恢复了天坛的历史园路，栽植国槐行道树 65 株。土山移走后，进行了绿化，栽植桧柏 1840 株、侧柏 300 株。罗哲文题词："新愚公移山植树，古神坛恢复旧观"（图 4-27）。

20 世纪 70 年代，内坛北二门内东侧建游艺场，1990 年迁建西门内。内坛北二门内西侧的天坛园艺队办公场所，1993 年搬迁至西北外坛，为今绿化一队所在地（图 4-28、图 4-29）。

1960 年，外坛开办北京市园林技工学校，1990 年学校迁至天坛东外坛直至 2005 年。建于 20 世纪 80 年代的北京市园林学校苗圃 2013 年交还天坛管理。

图 4-27 搬土山

图 4-28 温室（1994 年）

图 4-29 温室拆迁绿化

二、御道槐影

明清时期，天坛祭祀的御道两侧及坛内零星散点种植国槐，主要作为祭祀行道树。国槐树形高大，树姿优美，冠大荫浓。夏日里走在坛内御道上，槐影含荫，万叶婆娑，与参天古柏相伴，微风吹过，槐、柏树沁人心脾的清香扑鼻而来（图 4-30）。

现天坛国槐行道树为明清时期及现代不同时期栽植，分布于祈谷坛门东向祭祀御路行道、斋宫东路行道、斋宫北路行道、广利门至泰元门路行道等地，内外坛还可见国槐古树。

图 4-30　西二门国槐

（一）国槐形态特征

国槐（*Sophora japonica*），豆科，槐属。落叶乔木，高可达 25 米，树皮灰褐色，成块状裂。小枝绿色，有明显的黄褐色皮孔。奇数羽状复叶对生或近互生，小叶 7 ~ 15，卵状披针形或卵状长圆形，先端急尖，基部圆形或宽楔形，稍偏斜，背面灰白色；托叶镰刀状，早落（图 4-31）。

国槐为圆锥花序顶生。花萼钟状，被灰白色短柔毛，萼管近无毛。花白色或淡黄色，花冠蝶形。花瓣 5，1 片较大，近圆形，先端微凹，其余 4 片长圆形。

图 4-31　槐墨线图

雄蕊 10，其中 9 个基部连合，花丝细长。雌蕊圆柱形，弯曲。花期 7—8 月。果期 10 月，荚果串珠状。

（二）生长习性

深根树种，根系发达，适应性强，中速生长，寿命长。喜光，略耐阴，喜干凉气候，喜深厚、排水良好的沙质壤土，在微酸性及轻微盐碱土壤中也能正常生长，但怕水涝。耐烟尘，对二氧化硫、氯气等均有较强的抗性。

（三）修剪技艺

园林绿化养护行业素有"三分种，七分养"之说。规范化、精细化已成天坛园林管理、养护之策，天坛园林职工凭借多年的实践经验总结出国槐的修剪技术：

槐树萌发、成枝率均较高，是非常耐修剪的树种，多年生的粗干抹头仍可生出健壮丰茂的树冠。另外槐树枝条没有顶芽，为自然截顶。槐树的整体修剪要以疏、缩为主，短截为辅。

槐树结构：树干高度在 2 米左右。分枝点处选留 2 ~ 3 个永久性主枝，其角度不要大于 45°。各主枝上每隔 80 ~ 150 厘米，在其左右两侧留 2 ~ 3 个侧枝。在每一主、侧枝的上、下、前、后，视空间培养不同大小、数量不等的冠枝组。

整形修剪：对多年培养的主、侧枝，不可随意变更或削弱。树冠成形以后，要视空间的大小逐年调整或清除密集的辅养枝，有空间的辅养枝可以长期保留或变为永久性枝组，使树体形成立体叶幕。

对老、弱树木要合理使用抑前促后的缩剪方法，使冠内主、侧后部的冠枝不衰。老龄槐树后部常有不定芽萌发成枝，对此注意适当培养保留，不可统统清除。该时期，主枝常有枝头低垂出现，可利用培养主、侧枝背上的直立枝条更新换头，使其旺盛延年。此外病虫、干枯、死叉（杈）也是此时修剪对象。

在历年养护期修剪过程中，一般当年修除枝干数量，应在总冠枝量的1/5 ~ 1/3 比较合理。

修剪工作中应注意伤口保护，不让雨水渗入木质部腐烂形成树洞。已经形成的树洞要及早修补。

三、坛草割剪

天坛坛域内自然草地是构建天坛园林生态系统的重要组成部分，也是绿化管理的一项重要内容。从收割饲草转变为修剪控制草高，目的发生了变化。饲草收割注重自然草的上部利用，草地修剪注重的是自然草的下部保护，控制自然草高度，促进分蘖，达到景观观赏的标准。1983—1993 年，天坛职工自行研制 TT12-03 型拖挂式剪草机，进行剪草作业，剪草机 2 轮，由一台单缸 12 马力柴油机改装，由皮带传动给 2 个水平旋转刀片，剪草机由一台四轮拖拉机牵引作业。剪草机的应用使剪草效率显著提高，有效地解决了天坛自然草地管理的关键问题，使天坛自然草地利用成为现实（图 4-32、图 4-33）。剪草环节突破后，通过修剪控制植株的高度，根据优势种的物候期确定剪草时机，自然草充分发挥了品种多、生态适应性强、植物抗逆性好、管理粗放、季相变化丰富、养护成本低等特点，是构建天坛园林植物群落不可或缺的内容，对美化和保护环境，丰富园林景观，起着十分重要的作用。通过科学管理，大面积自然草地得到有效保护，合理利用自然草种资源，努力展现出郊坛风貌，真正实

图 4-32 拖挂式打草机作业

图 4-33 打草机

现了生态与景观的有机结合。

通过多年的生产实践，进一步优化，总结出自然草地的管理技术——精准修剪时间、科学留茬高度、适时补播草籽、适度补充水分、古树群落围栏、维护物种多样。

（1）精准修剪时间。一是6月末二年生双子叶草结籽后开始进行第一次修剪。二是7月中旬至8月上旬，二月兰播种前进行低剪，使种子落地。三是9月下旬至10月上旬，禾本科草种子成熟时修剪。全年修剪3～4次。

（2）科学留茬高度。修剪高度一般控制在15～20厘米，但雨季补播草种子要低剪，高度约5厘米，目的是使种子更好地接触土壤，发芽生根。8月下旬只对草地中高大的酸模、构树、枸杞等植物进行控制。9月进行全面修剪，留茬高度15～20厘米。

（3）适时补播草籽。草结实自然落籽外，雨季7—8月可人工补播二月兰、白三叶、小冠花等草籽，丰富开花植物种类和色彩，形成春季花海绚丽、夏秋绿草如茵的自然草地景观，同时可以增加林内植物多样性。

（4）适度补充水分。北京春季降水少，土壤含水量低，对自然草的生长不利。早春3月上旬，浇水可以促使地被植物返青时间提前，显著提高地被植物的覆盖率。紫花地丁、二月兰、蒲公英等植物花期整齐，还为部分越冬的天敌昆虫提供花粉花蜜补充营养，创造了适宜天敌昆虫生存的环境。

（5）古树群落围栏。天坛公园有面积超过1公顷的古柏群围栏保护，减少了人为过度踩踏、土壤板结现象，自然地被也呈现出特有的景观效果。

（6）维护物种多样。自然草地群落中，常常会有一些繁殖或扩张能力强的植物，如异穗薹草、求米草等，会限制其他植物的生存，形成单一草地。针对这一现象，于7—8月雨季，用旋耕机浅翻土壤，深度5厘米左右，切断部分植物的根，限制其扩张速度，补播二月兰、小冠花、甘野菊等草籽，使多种植物能够共生。

四、水资源

天坛地势高于坛墙外围地区，坛内开阔林地即使积水也不长久，很快渗入地下。昔日天坛斋宫御河及坛内水井均已干枯（图4-34、图4-35）。

明代北部坛墙外建有一条由西向东走向的排水道，称"郊坛后河"。河道西端为天桥，与正阳门东三里河在金鱼池附近汇合。清朝时改称为"龙须沟"。民国年间因失于疏浚，成为污水沟。1952年，北京市政府对龙须沟进行治理，加盖板成为暗沟，流入龙潭西湖，今已无迹可寻（图4-36～图4-41）。

西部坛墙外，天桥南路两侧地势东高西低。清代吴长元撰写的《宸垣识略》中称："祈谷坛西北积水十余顷，四时不竭。每旦有群凫游泳其间。"清乾隆五十六年（1791年）在天桥南路两边各开挖了三条水渠，疏渠成效显著。弘历御笔《正阳桥疏渠记》并立碑，此碑坐落在天桥路口东北。六条水渠建成仅二十余年后，被嘉庆皇帝下令毁弃被填平（图4-42）。

明嘉靖构筑了北京外城后，将天坛南墙包入城内。南护城河北岸一侧衔接天坛（图4-43）。

明永乐十八年（1420年）十二月癸亥，初建北京天地坛（大祀殿）。其外墙东南凿池二十区。冬月伐冰藏凌阴，以供夏秋祭祀之用。当初"凿池"，地势低洼，因而圜丘坛排水流入祈谷坛内。圜丘坛与池相通，内坛墙下有排水道。如今的池已是丹陛桥东侧"大长幅"地区的油松林（图4-44）。

斋宫御河原为流淌之活水。1958年，天坛管理处进行了斋宫御河修缮工程，对内外御河进行了彻底的疏浚，拆砌了河岸，重砌宫墙，一度采用机井水注入斋宫御河，还放置了游船，但终因渗漏严重，最终取消了注水，仍恢复为旱河。斋宫外城御河河壁上仍可见进水孔3处（北河岸东西各1处，西河岸南端1处），排水孔1处（位于南河岸东端），内、外御河输排水孔2处。内御河河壁也存有输排水孔2处。

坛域内南宰牲亭、南神厨、北神厨、北宰牲亭有水井（图4-45）。北宰牲亭东门外有一座古井、北二门内西侧有水井遗址。明清时期天坛古井水质甘洌，时人谓其为"甘泉井"，祭祀时即用之调制羹汤。《燕京今古锁闻》中有"北

图 4-34　天坛（1901 年）

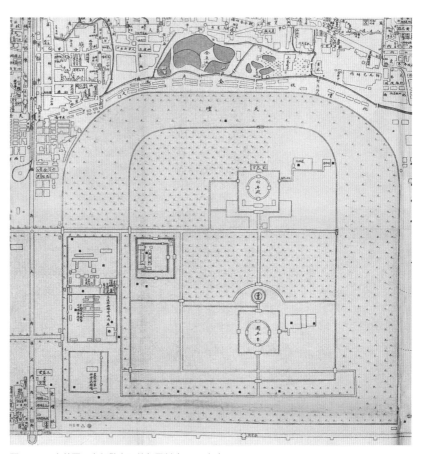

图 4-35　水井图，京师警察厅总务署制（1928 年）

图 4-36　填平后的龙须沟路

图 4-37　金鱼池

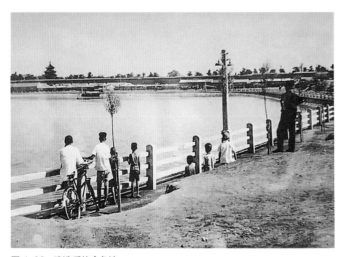

图 4-38　建造后的金鱼池

图 4-39　金鱼池航拍

图 4-40　金鱼池新貌

图 4-41　天坛火车终点站洼坑

图4-42 天桥（1864年）

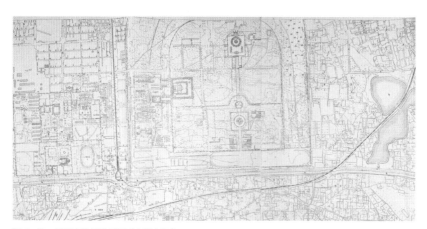

图4-43 天坛南外坛地形图（1954年）

图 4-44　排水孔

图 4-45　北宰牲亭外井遗址

京著名水井之略历"一节,特别描写了天坛甘泉井,"祈年井(又名甘泉井)在天坛内祈年殿东的北神厨院中。上覆井亭,中间露天,水味甘洌,为太羹之用。"清代王士禛咏之:"井深四丈许,计井桶二丈五尺,水深一丈五尺,微小之物沉于井底,亦可望见",并作《竹枝词》记甘泉井:"京师土脉少甘泉,顾渚春芽枉费煎。只有天坛石甃好,清波一勺卖千钱。"随着地下水位下降,现有的井已干枯无水,斋宫御河也形成了旱河(图4-46、图4-47)。牺牲所"西北隅官厅三间东向井一",神乐署西南部有诸多水井。

明嘉靖十一年(1532年)在圜丘东建崇雩坛,孟夏之际亲诣"雩礼",就是祈求老天下雨的祭祀,为农田灌溉缓解旱情。在祈雨神路上泼水,意思是祈求雨师下雨。随着历史的发展,这种祭祀祈雨活动已消亡。清乾隆十二年(1747年)拆除(图4-48)。

图 4-46 甘泉匾

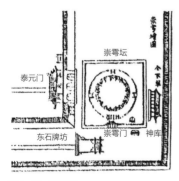

图 4-48 崇雩坛

图 4-47 甘泉井

五、绿化喷灌

天旱祈雨，久雨祈晴。雩禳（ráng）祭祀雨神，祈免水旱灾害是古代帝王祀天礼仪重要的活动之一。然而坛域内树木却因缺水造成枯枝甚至死亡。新中国成立后天坛绿化灌溉系统从无到有，经历了挑水灌溉，打井开渠浇地，引进饮用水、中水管线，设置自动微灌系统，使得坛内树木得到灌溉，生长繁茂。

园林绿化养护用水占全园总用水量的 70% 左右。

20 世纪 50 年代，公园引进饮用水干管，解决生产、生活用水问题。绿化用水水源以园内 6 眼自备井水为主。1964 年，天坛果园全部实现电井灌溉。电井多成井于 20 世纪五六十年代，由于长久使用，井壁锈蚀、水质变差，严重影响了灌溉效果。1996—1997 年，在上级部门的协助下，天坛每年投资 30 万元，更新了四眼机井。2000 年，天坛公园加大绿化基础设施投入，在七星石、三座门一线迎宾路等 7 处重点区域，投资 60 余万元安装微喷系统，提高了灌溉效率和景区管理水平。同年 12 月，为贯彻落实北京市政府关于节约用水、重复利用水资源的指示精神，铺设管线引进中水。支线由南滨河路起至斋宫筒子河止，全长 750 延长米，设计管径 400 毫米。天坛公园使用高碑店污水处理场处理的中水进行公园绿化建设，减少了水资源的消耗，也节约了大量资金。

经过多年的灌溉系统管线建设，形成了饮用水、园内机井、中水相结合的绿化灌溉系统（图 4-49）。

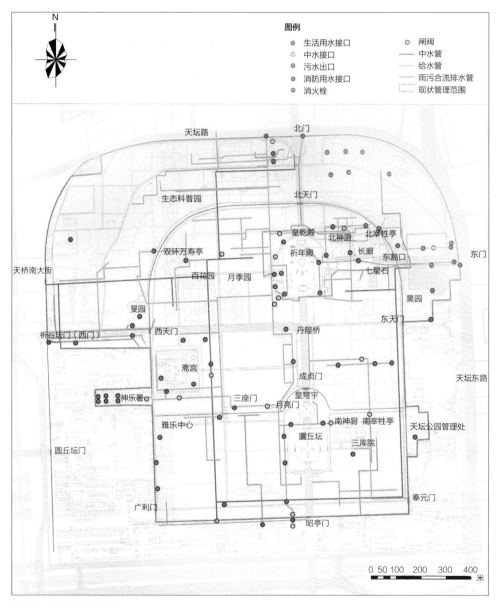

图例

生活用水接口   闸阀
中水接口   中水管
污水出口   给水管
消防用水接口   雨污合流排水管
消火栓   现状管理范围

天坛路   北门

生态科普园   北天门

皇乾殿   北神厨   北宰牲亭

双环万寿亭   祈年殿   长廊   东门

天桥南大街   百花园   月季园   东廓口   七星石

旻园   昊园

祈谷坛门（西门）   西天门   丹陛桥   东天门

斋宫   天坛东路

成贞门

神乐署   三座门   皇穹宇

雅乐中心   月亮门   南神厨 南宰牲亭   天坛公园管理处

圜丘坛   三库院

圆丘坛门

广利门   奉元门

昭亨门

0 50 100　200　300　400
米

图 4-49　天坛公园给水排水

天坛从辟为公园至今，经历了民国时期（1918—1948年）、公园建设时期（1949—1998年）、文化遗产恢复期（1998年至今）。在一个世纪的风雨洗礼中，城市的空间格局在逐渐地改变，天坛公园作为对公众开放的公共活动空间，在很大程度上促进了人们生活方式的改变。天坛园林的形态、功能在历史进程中随之演变。

但不变的是绿色。古树得到了妥善的保护和管理，园内树木品种得到了丰富，开辟了园中园和景区并增加了设施等，原有的祭坛气氛逐渐园林化，树木以常绿柏树为基调，对公园所做的调整以符合历史氛围为原则和目标。

《天坛总体规划（1992—2007年）》中将植物氛围认定为"内坛苍璧、外坛混交"，并划分出古树保护区、植物保育区、植物调整区、植物恢复区等四类区域。即内坛历史上以行植侧柏和桧柏为主，对于缺株的区域，补植柏树，以吻合历史原貌。外坛历史上散点种植柏树和乡土落叶乔木，应片植混交林。地被植物区域按自然地被区和人工地被区，进行种植和管理。在主要建筑和游览线路道路周围宜规划人工地被冷季型草坪、宿根地被、耐阴性地被，其他区域宜以自然地被为主（图4-50）。

天坛作为北京皇家祭坛的功能结束后，人们经过近百年的探索，终于为天坛找到了一个得体的"归宿"，即还给人民一个重现过去神韵的、完整无损的天坛。

原真性与完整性是文化遗产保护遵循的重要条件，因此我们逐步恢复完整坛域，让天坛呈现原有魅力，履行申报世界文化遗产时对完整性的承诺。

由于历史原因，天坛坛域大面积被占，占地经营产权单位共有43家。21世纪初首先从市园林系统，逐一腾退占用坛域单位。位于西北外坛、东北

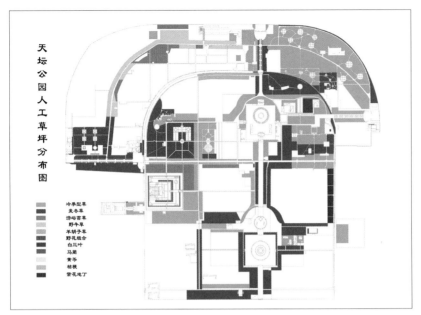

图4-50 《天坛总体规划（1992—2007年）》

外坛的中山花圃、园林学校、花木公司等陆续实现搬迁腾退，腾退面积近20公顷。在北京市政府的推进下，占用单位陆续迁出天坛，天坛内居民的腾退相对滞后。

2019年，北京园林机械厂及住户腾退。园林机械厂位于内坛广利门内，1955年建厂，原隶属绿化工程处。腾退后实施环境整治工程（31区见前文"天坛公园古树分区分布现状（2009年）"），种植桧柏和国槐622株，绿地改造总面积3.6万公顷（图4-51）。

《天坛总体规划（2011—2025年）》指出外坛突出"海树"，增加阔叶林比例，提高林地郁闭度，体现田园郊野的环境意象。

在上述两个规划的基础上，《天坛总体规划（2018—2035年）》指出，至2035年是以整治天坛三南外坛环境为主。"结合天坛医院搬迁，完善天坛区域森林绿地系统，展现坛庙园林景观。"

图 4-51　广利门环境整治效果

一、西外坛

在西外坛，1970 年北京市广播事业局建"582 电台"，占用至今。占地 4460 平方米。并在坛内架设电线杆，数十根高 20 米的天线杆分散在游览区 10 公顷的树林、草地之中（图 4-52）。

1975 年迁建中山公园花圃，占地 8.33 万平方米（图 4-53）。2001 年实施原中山花圃地区绿化改造工程，拆除花房等 8600 平方米，栽植侧柏 500 余株，工程改造面积 7 公顷，增加公园绿地游览区。

2001 年花木公司全部迁出天坛，种植桧柏、油松、侧柏 3000 株，恢复绿地 10 万平方米。2006 年北门内西侧原管理处拆迁，恢复绿地 8000 平方米。

图 4-52 "582电台"电线杆

图 4-53 中山花圃拆迁前

二、三南外坛

三南外坛由于历史原因至今被占用，属多家单位，杂树散植其间，占用面积 72 万平方米，导致天坛"天圆地方"的特殊格局不完整。目前已制定规划并实施，恢复其历史原貌。

1954年，在泰元门外建职工宿舍。1960年，建218厂，占地6.5万平方米。

1958年，大炼钢铁时期，崇文区在天坛南边内墙与外墙之间搭起了几十座"炼钢炉"。1959年以后这里成为临时库房区，主要是储存建筑材料。1965年中央决定在北京修建地铁，这里成为北京市地铁工程局的材料库，还搭建了上百间平房作为职工宿舍，占用南外坛20万平方米。

1962年，在东侧外坛建人民大会堂苗圃，占地2.1万平方米。

1965年，崇文区体育运动委员会在东侧外坛占地2.93万平方米建运动场。

1967年，占地8.8万平方米建居民楼、副食店、中学、小学、煤厂、射击场、工厂等。

1968年，崇文区运动体育委员会、北京市地铁工程局、北京市供电局占地1.3万平方米。

1968年，北京修建地铁（现在的北京地铁1号线），大量铁路建设者从全国各地云集北京，为了安置地铁建设者的家属，原地铁工程局在天坛南、护城河北侧，原来堆放挖掘地铁土方的地方，利用短短的半年时间，盖起18栋简易楼，楼高三层，附近居民称其为地铁宿舍楼。

1969年，北京市规划局批准共占地2万平方米。

1970年，占地4.66万平方米建居民楼。1970年，崇文区房管局于天坛南侧外坛建简易楼20栋，用于解决崇文区企事业单位的住房困难问题，楼高四层，没有厨房，每层设公共卫生间。

1976年，北京市建筑工程局占用天坛外坛，占地3.76万平方米。

1983年，神乐署居民迁出。

2019年，天坛园林机械厂所在地恢复绿地，面积36000平方米。

2020年，为配合北京中轴线"申遗"，天坛医院搬迁后，东城区政府计划对天坛西里19栋和天坛南里38栋建筑（面积达9万平方米的简易楼）进行拆迁，亮出天坛南坛墙。2017年天坛公园东天门南侧天坛东里北区的8栋楼房拆迁，2020年进行了绿化景观提升，绿化改造面积6900平方米。

第五章

植物管理

一、植保沿革

（一）粗放管理阶段（建园—20世纪50年代）

天坛在建园初期，管理经费和人员有限，树木呈自然生长状态，基本没有养护措施，加之当时对病虫害的种类与发生不够了解，防治技术比较单一，因此常有病虫害造成树木衰弱枯死现象。民国时期，古柏因遭受了虫灾大批死亡，坛庙委员会组织京城数名著名昆虫专家进行鉴定，最终确定是双条杉天牛危害所致。双条杉天牛是一种对古柏危害极大的蛀干害虫，其生活隐蔽，幼虫蛀食皮层和木质部，破坏古树的输导组织，使植物很快枯死。专家组经过研究制定了防治方案，首先要伐除全部死树，消除虫源，对其他受害古树采取石灰水涂树干、剥皮烧毁、铜丝刺杀、虫孔灌油等措施，因没有有效的农药，且措施费工费力，效果不甚明显（图5-1）。

（二）传统植保阶段（20世纪50—80年代）

自新中国成立至今，天坛公园植保体系逐步完善起来。从用简单器械进行打药治虫防虫起步，植保队伍从无到有，不断壮大，经历了农场、苗圃、绿化植树、林粮间作、

图5-1　天牛危害的虫道

现代园林等各历史时期。传统植保工作及时有效展开，有力地保障了古树名木的生长，巩固了绿化成果，实现了果园丰收，这是初期植保的生动写照，功不可没。为园林事业发展和病虫消杀、防疫作出了应有的贡献。

传统植保的途径与方式主要靠农药的投入及使用。自从20世纪40年代人工合成杀虫剂以来，有机农药在控制植物病虫害上广泛使用。1939年，DDT作为杀虫剂面世。此外还有"六六六"等高效有机氯、"敌敌畏""乐果"等速效有机磷、"西维因""杀虫脒"等有机氮杀虫剂，"代森锌""敌克松"等有机硫、"退菌特"等有机砷灭菌剂，以及"灭多威"等所谓高效低毒氨基甲酸酯类杀虫剂。还包括众多的杀螨剂、杀线虫剂、杀菌剂、除草剂等等，化学农药几乎覆盖了病虫草害防治的所有领域。然而农药对生态环境所造成的危害也是不争的事实。

1958年，天坛使用飞机喷撒农药"六六六"粉防治尺蠖、柏毒蛾、蚜虫和红蜘蛛等害虫，这是我国第一次运用飞机防治森林病虫害（图5-2）。当时设立信号员地面人工指挥飞机。信号员分别在南北两面坛墙上并排站立，人与人相间60米，手持红白旗子指挥。整个天坛南北长1650米，东西宽1680米，为了使药粉喷撒均匀，飞机垂直于风向南北向飞行，喷药时飞行高度距树冠约5米，喷出粉带约80米宽，每次喷撒后有20米的重叠层。飞机按照信号员的指挥有规律地飞行，依次进行喷药操作。

飞机每次装粉1吨，共喷两行半（4125延长米），每喷一次，共20～30分钟（包括起飞和中途飞行时间）。从上午5时半开始至上午9时即全部喷完，共用3个小时。使用药粉6000公斤。技术人员作了调查，发现国槐尺蠖、柏毒蛾和一些成虫类害虫几乎全部死亡，一棵树下能扫集数百条尺蠖幼虫。蚜虫第二天全部死亡。工人们反映："这回蚜虫在天坛绝根啦"。红蜘蛛死亡率在60%～70%。但同时伤害了大量天敌昆虫，许多鸟类也在劫难逃。

天坛不仅用农药防虫，还人工驱赶麻雀。1958年，崇文区在天坛设立打麻雀办公室，组织上万人轰赶麻雀，将麻雀与老鼠、苍蝇以及蚊子，当作"四害"除掉（图5-3）。林地中的麻雀短时间之内减少了。

1960年，北京市园林局为培养园林绿化养护技术人员，在外坛东南角开

图 5-2　天坛飞机

图 5-3　天坛哄鸟老照片

办"北京市园林技工学校"。

1970年代中后期，贯彻"预防为主、综合防治"的植保方针。农药治虫仍是植保的首选措施，在"治早、治小、治了""有虫治虫，无虫防虫"的口号下，有虫无虫都打药，不允许树上有任何害虫。采用手压喷雾器、拖拉机牵引药罐车、高压喷雾机等植保机械进行打药喷施作业。1992年，天坛年用药量最高时达6.2吨，全部为氧化乐果、三氯杀螨醇等高毒化学药剂。植保人员就像消防队员，哪里有虫害就冲向哪里打药，但防治不到位的现象时有发生。

柏树主要害虫——双条杉天牛侵蚀依然严重，甚至导致树木整株枯死。1955年、1962年、1971年伐除枯死古树百余株。其间利用死柏树开板当木材，制作路椅，做木桶养花。

由于长期使用，农药的弊端越来越突出：产生害虫3R问题（抗药性Resistance、再猖獗Resurgence、残留Residue），天敌大量减少，对公园生态环境的影响亦是灾难性的。

（三）现代综合防治阶段（20世纪90年代以后）

1992年，联合国环境与发展大会第一次把经济发展与环境保护结合起来，指出环境污染已经阻碍了经济社会的可持续发展，威胁到公民的身体健康。可持续发展战略的提出，标志着环境保护成为优化经济增长的重要内容。与此同时，农药对环境和人类生活的影响及危害，同样受到社会广泛的关注。

随着农药使用量和使用年限的增加，农药残留逐渐加重，对大气、水体、土壤及环境的破坏也越来越严重。扭转过分依赖大量使用化学农药的局面、尽量减少农药的使用已成为非走不可的道路。

1990年代中期，天坛园林有害生物防治摆脱"头痛医头，脚痛医脚"有虫就打的观念。

天坛公园成立科技科，加强病虫害的研究和防治工作。1994年《天坛病虫志》编纂完成，记录害虫252种（含昆虫235种、螨类15种、软体动物2种），病害73种，天敌昆虫71种。

1994—1997 年，开展北京市科研项目"园林绿地无农药污染防治病虫害技术及示范"。针对天坛植物（包括古树）的主要有害生物，研究它们的发生、危害规律，筛选出 30 种防控效果显著且对环境友好的药剂，探索总结出一套综合生物防治、物理防治、合理使用化学农药的绿色防控技术。该研究成果很快在北京地区得到推广，减少了农药用量，节约了购药经费，取得了显著的生态、社会、经济效益。研究项目获 1997 年北京市科技进步二等奖，在全国同行业内处于领先地位。该项技术随后在全市推广。

天坛绿化管理者致力于有害生物的综合治理。针对园林植物特性，以养护措施为基础，改善植物生长环境。重视有害生物的预测预报。以生物防治、物理防治为主要技术，实施无农药污染的有害生物防治措施。合理使用化学农药。保护鸟类栖息地，在林中悬挂鸟巢、设置鸟食台，为鸟类提供水和食物，实现大幅度减少化学农药的使用。无污染综合防治有害生物技术，天坛公园经过 20 余年的应用，无公害防治面积达到 98% 以上，化学农药用量下降 90%，林间天敌数量增加近 1 倍，鸟类种类数量逐年丰富，环境得到明显改善。结束了单纯依赖化学农药防治病虫害，从传统植保进入了综合防治时代（图5-4）。

图 5-4　鸟食台

（四）生态调控技术阶段

2006 年，在农业部全国植保植检工作会议上，提出了公共植保和绿色植保的理念。面向社会公众，加强植物检疫和农药行业监管。通过采取物理防治、生物防治、生态调控等综合防治措施，运用科学、合理、安全使用农药的技术，实现有效控制病虫害，防范外来有害生物，确保环境和生态安全。

在有害生物防治综合治理的基础上，按照新的植保方针"预防为主、科学防控、依法治理、促进健康"的要求，天坛公园大力推广植保绿色防控技术，创新植保方式。对园林有害生物综合防控技术进行了深化和发展，提出并实施了生态调控措施。

生态调控与以往综合治理措施的不同之处，就是由直接针对有害生物靶标的单点调控转向由环境、植物、有益生物、有害生物组成的"四位一体"的网状调控，构成一个优势互补、相得益彰的体系。注重经济效益、社会效益、环境效益的共同优化，着重园林植物自然控制因子的控害作用。

建立以天坛古柏群落为中心的生态调控体系，采取主动、强有力的人为干预和绿色技术手段，以古树正常生长为目标，实施古柏群落生态调控。改善古树生长环境措施：保护利用林地自然地被、采用透气铺装、挖复壮沟或渗水井、安装通气管、改造灌溉水质等。均衡古树营养措施：换土、叶面喷肥或地下施肥。保护古树措施：支撑加固、修补树洞等。

自 1984 年祈年殿西侧古树围栏后，区域性围栏措施的范围逐步扩大，以减少人为活动、踩踏等对古树群落的伤害。

1985 年至今，实施自然草地园林化管理。根据自然草的生长发育习性和群落的变化规律，以机械修剪作业为主，控制高度，使其整齐美观。在此基础上，2008 年从地被的丰富度、均匀度和物种多样性指数等方面开展"天坛公园古柏林区及绿地昆虫群落物种多样性研究"。调查柏树主要害虫发生的特点及消长规律，各项地被管理措施对昆虫的影响。实施古柏林下地被植物多样性调控，不仅促使自然地被整齐美观，更间接干预了昆虫的生物多样性（图5-5）。

调查结果表明天坛公园古柏林内植物种类越丰富，多样性越高。同时群落

图 5-5 扫网调查

内的各个种的生物个体分布比较均匀，形成了一个相对平衡和稳定的状态。昆虫种群的多样性与栖息地植被多样性密切相关。自然地被中的天敌昆虫数量显著高于单一草区，益害比提高，控害能力增强，对柏蚜和叶螨起到有效的控制作用。这说明林下自然地被植物可增加林区的生物多样性，物种多样性高的群落可以降低植食性昆虫的种群数量。生态控制有害生物有利于古柏林生态系统的健康和可持续发展。

2000 年起，天坛公园鸟类调查共记录到鸟类 199 种，隶属 15 目 52 科 115 属。其中旅鸟占 49%，比重最大；留鸟和夏候鸟所占的比例大致相同，分别为 23% 和 21%；冬候鸟的种类最少，只有 7%。天坛公园中的鸟类约有 90% 为国家保护的有益的或者有重要经济、科学研究价值的野生动物。其中，国家二级保护动物有 10 种，北京市一级保护动物有 13 种。在此调查数据基础上编写出版《天坛公园野鸟图鉴》一书。

候鸟是自然生态系统的重要组成部分，是维护生态平衡的重要生物链节，其数量也是生态环境质量优劣的标志。天坛公园的原始旷野，为众多鸟类在城区提供了一个极好的栖息地以及候鸟迁徙中转站，从而公园对城市生态系统的维护起着重要的作用。此次调查显示，古柏各区的鸟类群落多样性指数与该区

图 5-6 天坛公园林间的红嘴蓝鹊

的植被状况紧密相关,鸟类群落的均匀度指数与植物群落的水平结构密切相关,植物水平结构越简单,其鸟类的均匀度指数越高。同时,由于天坛公园游人众多,人为干扰也会影响鸟类群落多样性。天坛公园是城区内难得的鸟类监测点,通过长期的鸟类调查,可以为城市环境的监测、候鸟迁徙的研究等科研工作提供第一手资料(图5-6)。

规划设计、优化结构和植物种类是生态调控的重要方面。天坛公园植物资源丰富,是天坛园林绿化管理重要的基础。据2016年植物调查,天坛公园内维管束植物共计75科,214属,280种及42个种下分类单位,共计322种。我们应充分利用好、养护好、管理好这些植物资源,优化配置,推进生态系统建设。

2019年,北京市公园管理中心下发了《关于加快推进公园绿色植保防控体系建设的指导意见》。目的是提升病虫疫情监测预报、防控处置和监管能力,持续优化病虫防控方式,大力发展绿色防控技术。提倡优先采取生态调控、生物及物理防治和科学用药等环境友好型技术措施。推荐使用高效、低毒、低残留、环境友好型绿色防控产品,加强园林生态环境保护,促进城市园林绿化事业发展。

二、绿色防控技术

天坛公园以自然调控为基础，以生物防治为关键环节，以行为调控为辅助方法，以物理防治为补充手段，进行必要的化学防治，开展园林有害生物综合治理。

（一）开展有害生物普查

对全园性有害生物进行普查，共查出害虫10目321种，病害71种，制作昆虫标本1200件。

古柏是天坛内园林植物中最重要的保护对象，我们对两种蛀干害虫双条杉天牛、柏肤小蠹以及刺吸式害虫柏长足大蚜、柏小爪叶螨的生物学特性、危害情况都做了详细调查，使防治更加科学、准确、有效，每年用药量减少一半（图5-7~图5-10）。

图5-7 双条杉天牛

图5-8 柏肤小蠹

图5-9 柏长足大蚜

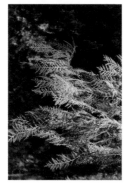

图5-10 柏小爪叶螨危害状

（二）强化养护管理，促进树木健康

三分栽七分养，在养护管理中通过适度灌溉、合理施肥、科学修剪、古树复壮等养护措施，以及丰富林间地被植物等辅助措施提高园林植物的健康水平，投入 300 万元安装地下管道的喷灌设施，提高植物抵御有害生物和自我调节的能力。

（三）加强生态调控的无公害防治

1. 性信息素的应用

悬挂性信息素对害虫进行测报、诱杀。对美国白蛾、国槐小卷蛾、小线角木蠹蛾、梨小食心虫等园林害虫均用此法（图 5-11）。

2. 天敌昆虫的招引、保护和利用

自 1991 年起，每年释放管氏肿腿蜂防治双条杉天牛，平均寄生率为 35%；释放异色瓢虫防治蚜虫和螨，释放蒲螨等天敌昆虫防治蛀干害虫和鳞翅目害虫。大面积栽植二月兰、蒲公英、紫花地丁等地被蜜源植物，为天敌昆虫提供丰富的食料和安全越冬的场所（图 5-12）。

图 5-11　美国白蛾性信息素测报　　　　图 5-12　释放天敌

图 5-13　饵木诱杀

3. 鸟类的招引

设立鸟食台、悬挂鸟巢保护鸟类，有意识地种植浆果、荚果植物招引鸟类。冬季在林间投放食料，为鸟类越冬创造条件。

4. 诱杀和阻隔

饵木诱杀：利用双条杉天牛等蛀干害虫出蛰成虫外出喜在新鲜原木上交配产卵的特性，在柏树集中种植区放置饵木诱杀成虫（图 5-13）。

灯光诱杀：利用某些害虫成虫对黑光灯的趋性，设置太阳能黑光灯诱杀夜行害虫，如金龟子、美国白蛾等（图 5-14）。

潜所诱杀：对高大树木采取树干绑草方法，诱集下树化蛹的美国白蛾老熟幼虫，下树完毕后摘除草把集中销毁。

色板诱杀：将黄色粘虫板挂设于温室内诱粘蚜、粉虱、斑潜蝇等害虫。

阻隔防治：早春采用树干绑泥环的方法，给上树的草履蚧设置了一道屏障，有效截杀防止害虫上树（图 5-15）。

图 5-14　黑光灯诱杀

图 5-15　泥环截杀草履蚧

5. 人工防治

挖蛹、捕成虫、刮树皮、修剪病虫枝以减少病虫害的危害和扩散。

（四）合理的药剂防治

使用无公害药剂为主的植物源农药、农用抗生素、仿生农药、微生物制剂。

改变施药方法，采用注射法、熏蒸法、喷洒清水法防治害虫（图 5-16）。

坚持节约优先、保护优先、自然恢复为主的方针，坚持用生态的办法解决生态的问题，采取绿色防控措施，恢复天敌昆虫、鸟类等小动物的栖息环境，减少人为干扰，促进林区生态恢复，实现生态系统的自我维持与动态平衡。

图 5-16　打药作业

一、林草丰沛，郊天原野

　　"北京南郊有一座天坛。知道天坛的人是很不少的，在天安门城楼未曾名闻世界以前，它曾经是旧时代北京的标志。从前，在日历牌上、名胜挂图上、纸币上，到处都可以看到它的图形。一个圆形的大建筑物，富丽典雅，逐层向上收缩，给人一种庄严大方的印象。整个天坛区域现在成为天坛公园。这里，古老的松树很多，树木蓊翳，是一个幽静的去处。比起北京的其他公园来，这儿似乎游人少些。"我们不妨追寻一下秦牧的足迹，走进天坛，走进林地，去看一看古柏森林中各个粗壮的树干，体验一下满目青翠、林间鸟语，或许能有新的发现（图5-17）。

图 5-17　天坛公园的疏林草地

昔日天坛植被是由柏树林地和自然草地两部分组成。人工种植柏林，一排排、一行行。林下自然地被覆盖，柏林通透。自然地被，郊天原野，季相轮回，周而复始。自金代在北京建都以来，历经元明清各朝均为都城，且天坛地区一直是皇家祭坛用地。"天子"至此祭天典礼，以示受命于天，既寿永昌。孟春祈谷、孟夏祈雨、冬至祀天（图5-18）。古代规定祭天于"郊"（在国都南郊），时至今日，城区已向周围扩展几十公里了，天坛地域早已成为市中心，但是坛域内仍保留着千年前城郊的植物群落和生态风貌。现自然草地占地面积78公顷，占全园绿地面积的51%。2018年《天坛植物图鉴》记载天坛公园内乡土草本植物136种，分别属于38科、109属，种类最多的科为菊科、禾本科、豆科、十字花科。草本地被植物是天坛生物多样性的重要组成部分，是天坛园林绿化管理面临的一项重要任务。

丰富的植物种类，多样的形态和色彩表现，通过科学的人工干预，有效地呈现出自然草地的景观效果。春季遍及全园的紫色的二月兰、金灿灿的抱茎小苦荬，生机勃勃，形成一片花海，春意盎然，充满野趣（图5-19、图5-20）。夏季绿草茵茵，青青小草与苍翠古柏相互呼应，更显和谐宁静。秋季自然草地

图5-18　林间通透

图 5-19　二月兰

图 5-20　抱茎苦荬菜

色彩更加丰富，涝峪苔草的黄色鲜艳明亮，狗尾草、虎尾草果实累累，大片的二月兰、夏枯草、斑种草不畏严寒，叶色浓绿直至初冬。实现了春花绚丽、夏秋浓绿、秋季多彩、绿色期长的季相景观。

二、自然草地保护利用

1918 年天坛作为公园开放，至 2022 年，原野草地经历了割草获利、打草防火防草荒、自然草地利用、生态化利用保护阶段。

人工割草获利，作为牲畜饲料。延续到 20 世纪 80 年代得以改变。

1984 年起，公园配合大环境综合治理开始对古柏群进行围栏，同时翻耕了土壤密实裸露区域，使古树林下自然草地得到恢复；1985 年天坛职工自行研制拖挂式打草机，显著提升了自然草地的修剪速度，几个人一周时间就可将全园近 80 公顷的自然草地修剪一遍，修剪后的整齐度大为改观，有效地解决了草荒问题，使大规模管理自然草地成为可能。

1992 年，《天坛总体规划（1992—2007 年）》审批通过，确定了天坛公园绿化规划原则为"扩大内坛苍璧，建成外坛郊园"，即"保护古树、杂树让路、林木混交、自然地被、地方季相、郊坛风貌"。古柏林下以自然草地为主，形成与郊坛风貌相协调的园林景观。

1992 年，天坛公园专门设立课题，对园内自然草地的植物种类、植被类型、演替规律、利用前景等进行调查，首次提出自然草地应实行园林化管理的模式，就是要根据自然草的生长发育和群落的变化规律，采用修剪、扩繁、调配、灌溉等措施进行合理的人工干预，使之达到预定的园林景观。主要措施为修剪。每年修剪 3 ~ 4 次，使其整齐美观。同时对自然草地中观赏效果好的草种如二月兰等进行人工辅助调配，6 月及时采收种子，7—8 月雨季播种，经过几年，渐成气候：每到春季，古柏林内紫色的二月兰生机勃勃，竞相绽放，形成花的海洋，成为天坛公园的特色景观。

适时适当地进行修剪。高大的黄花蒿、灰菜等野草在结籽期未到时即进行修剪，从而数量大大减少。株型相对高大的品种被淘汰，低矮的品种得以繁盛起来，使自然草种生长势得到控制，新的优势种得到加强。

1993年，北京市公园系统在天坛公园召开草地园林化管理现场会，天坛公园在会上作了经验汇报。

2003年，在"保护生物多样性，建设绿色天坛"理念下，对自然保护地生态环境进行保护。自然草地中观赏效果好的二月兰，在种子成熟期后修剪，有利于种子落地播种，同时通过人工辅助加播等措施，自2006年形成了二月兰、抱茎苦荬菜大面积优势种区域。利用乡土草种取得良好效果，成为天坛特色自然地被景观（图5-21）。

2008年后，完成课题"天坛公园古柏树群落保护及地被植物恢复""古柏林区地被资源整理应用及维护技术研究"，总结了自然草地的利用与管理状况，提出了自然草地的养护管理规程。

在野生地被园林化管理的基础上，又探索自然草的生态化利用保护技术，兼顾植物景观与生态功能。

将自然草地纳入古树群生态系统的重要元素进行考虑，强化园林植物自然控制因子的控害作用，建立古柏的生态性自然调控体系，充分发挥自然草地的生态作用，改善古柏林区生长环境，增强生态系统的稳定性。古柏群通过设立围栏，林间自然草得到恢复，在科学修剪保证景观的同时，基于保育式生物防治的原理，依据主要害虫的优势天敌，在林间科学配置蜜粉源乡土草本植物，有效促进天敌昆虫的成熟、延长天敌的寿命、提高天敌昆虫生殖力从而提高天敌控害效果。同时充分考虑和选用蜜粉源植物的不同花期、花色、植株高度，进一步丰富自然草地的季相变化。

调查结果显示，天坛古树常见害虫以刺吸类害虫为主；其天敌昆虫主要有瓢虫、草蛉、食蚜蝇及寄生蜂等。在现有自然地被的基础上适当选择和配置二月兰、夏至草、田葛缕子、小冠花、甘野菊等植物品种作为天敌昆虫补充营养的蜜粉源植物，做到三季有花，绿色期长，兼顾植物景观和生态调控作用。

长期进行自然草地的修剪，大量植物材料存留土中发酵分解，在不施有机肥的情况下，可增加土壤有机质含量，改善土壤团粒结构，提高土壤肥力，体现了可持续的生态原则。

图 5-21　柏林地被

三、适地适草，多种建植

为了满足公园的景观需求，自 20 世纪 50 年代起在公园主要景区干道陆续建植各类人工草坪。

1954 年，园林工程队铺草坪 14 万平方米。1958 年，将 2 万平方米草坪移植至天安门人民英雄纪念碑绿地。

20 世纪 60 年代进入观赏草发展起步阶段。1963 年，建成月季园，北部栽植了异穗苔草。1965 年，开始大量铺种野牛草、异穗苔草、白颖苔草，发挥其耐阴性强、管理粗放的优点，分布在百花园、双环亭地区。

20 世纪 90 年代初，开始在裸露地区、主要景区大面积种植冷季型草，在林间种植麦冬、涝峪苔草，进行绿化建设，消灭黄土露天。

2003—2006 年，以"保护古柏，改良地被"为原则，在圜丘东西两侧、长廊南北古柏林内种植白三叶、红三叶、百脉根、小冠花、达乌里胡枝子等豆科植物，提高了土壤肥力，促进了古柏生长。

为丰富地被草坪植物的多样性，结合天坛有种植益母草等中草药的历史文化，2003 年在西门地区改造的同时，建成了一个占地 800 平方米的药草园，园内筛选种植了一些如板蓝根、桔梗、黄芩、丹参、射干等具有观花效果，易于管理的中草药植物。

自 20 世纪 90 年代开始，在古柏一区每年补播二月兰种子，始终保持着二月兰的"香雪海"景观。斋宫内外河道改造以"蓝色海洋"为主题，选种蓝花系列品种马蔺、桔梗、黄芩及野花组合，丰富了该地区的景观（图 5-22 ~ 图 5-24）。

停车场及人员密集区，铺装嵌草透气砖，保证这些地区古树周围土壤的通透性，兼顾功能性。

2010 年开始按照适地适草适生模式，在东北外坛、油松林引种乡土地被植物荆芥、蛇莓、连钱草、绢毛匍匐委陵菜等，在极为粗放的管理条件下，发挥着重要的景观和生态作用（图 5-25 ~ 图 5-27）。

冷季型草坪以其绿色期长、整齐优美、景观效果好一直以来受到游客的认可，其在天坛的应用也经历了一个发展过程（图 5-28）。

1995 年，随着天坛公园大环境改造，开始在主要景区和游览干线建植冷季型草坪。天坛公园时任园长景长顺同志专门召开现场办公会，主题是"草的革命"，但由于技术原因草坪最终被野草"吃"掉了。

1997 年，在天坛公园祈年殿西下坡两侧、管理处南侧建植冷季型草，时任园长李铁成同志非常重视，结合北京市园林局主持的"草坪用冷季型草综合技术的研究"课题，请到北京市园林科研所草坪养护专家邵敏健、中国农业大学植病专家赵美琦、中国农业科学研究院畜牧所品种专家李敏三位教授，与公园养护管理人员共同制定草坪养护方案。将管理处冷季型草坪交由园艺队养护，将祈年殿西下坡冷季型草坪交由园务队养护，给予人力物力支持，并形成两队竞争态势，当年成功养护成活。

1998 年，结合一些基建项目和绿化项目，新种冷季型草 8800 余平方米，并对新植草坪加强养护力度，保证栽一块好一块。

图 5-22　斋宫河道

图 5-23　山麦冬

图 5-24　涝峪苔草

图 5-25　荆芥

图 5-26　绢毛匍匐委陵菜

图 5-27　天坛公园人工地被分布图（2014 年）

图 5-28　冷季型草坪

1999 年，在天坛公园东门、皇乾殿周边播绿种草 24000 平方米，其中一级一类冷季型草坪 16000 平方米，当年市园林局十大公园对口检查"黄土不露天"治理时给予我园较高评价。时任天坛公园园长刘英同志指出天坛公园绿化五年规划重点是复层绿化、加重底色，将见效快、有别于颐和园和北海公园大水面的大块草坪地被建设提到议事日程。当年已初步掌握了草种配比、播种方式、病害防治等技术。

2000 年，天坛公园进行了大规模的景区改造工程，一是三座门至小十字路口迎宾路改造工程。天坛公园是著名的皇家祭天园林和世界文化遗产，外事活动频繁，为了给国际友人展示我国改革开放成果和为游客创造一个优美环境，开始改造迎宾路，路两侧建植了冷季型草坪，宽 20 米、面积 16500 平方米。二是丹陛桥景区改造。将丹陛桥北段东、西柴禾栏的野生草地改造为冷季型草坪，共计 5778 平方米，此景区的改造使天坛中轴线更好地镶嵌在苍碧之中。三是七星石景区改造。此区万余平方米绿化改造使七星石、北宰牲亭、长廊和东门的宏大建筑、道路浑然一体，克服了东豁口至长廊杂草地与周边环境的不协调，达到了凸显古建的目的。并总结出"调整树木、整理地形、安装喷灌、筛土去杂、摊平灌沉、粗整细平、草种混配、适期播种、大小分播、覆土镇压、斜坡覆布、见干见湿"的冷季型草坪建植配套技术。

2001 年，景区建设采取"确保古柏、调整树木、凸显古建、建养草地、更新铺装、配套设施"的强化景区办法。具体为：景区干道视线所及（20 米）地带种植人工草坪地被并围栏，种植冷季型草坪 20 万平方米。

2003 年，月季园景区改造，栽种冷季型草坪 3400 平方米。强化长廊景区，东北外坛拆迁还绿。针对冷季型草坪用水多的状况，安装水表，摸索精准给水的适时适量技术。冷季型草坪面积达到 30 万平方米。

2010 年后，针对冷季型草地中出现的部分常绿树树叶黄化、树势衰弱等现象，提出了解决树草矛盾，逐年减少冷季型草的种植面积，代之以栽植玉簪、山麦冬、涝峪苔草等节水植物。

截至 2022 年，公园内现有人工草坪地被 75 万平方米，占全园绿地总面积的 40%。其中冷季型草 10 万平方米，山麦冬 40 万平方米，涝峪苔草 20 万平方米，异穗苔草 2.1 万平方米，其他人工地被植物 3 万平方米，自然地被植物 80 万平方米。基本形成了人工草地多样化、景区干道草坪化、特殊生境地被化、边缘深处野生化的适地适草种植格局，达到了景区干道视线所及地带种植人工草坪地被的目标。

第六章

生态科普宣传

天坛公园具有独特的城市公共资源——古柏森林绿地、世界文化遗产、良好的生态环境。利用这些丰富的资源，实现可持续发展。共建和谐文明城市，发挥城市公园功能及作用，面向公众开展科普教育活动，积极推进科普工作的社会化、群众化、经常化，为游客提供公共服务，为市民休闲生活提供城市绿色空间，迎接世界各地慕名而至的旅游观光者。

　　科普教育是指开展科学技术普及教育。"努力发展自然科学，以服务于工业、农业和国防的建设。奖励科学的发现和发明，普及科学知识。"新中国成立后，文化部设立了科学普及局。提出"科学普及工作也必须做到明确而深入地为当前的生产建设服务"，并在中央政府部门设立科普机构。1958 年 9 月中国科学技术协会成立，开展全国科普工作。

一、资源利用

1971 年 10 月 1 日，天安门广场大型游行活动改为在北京市六座公园举行游园会。天坛公园游园是其中之一。公园划分为 14 个活动区。由崇文区、北京市农林、工业与交通等单位业余宣传队演出文艺节目。正是因为游园活动，5 万人有组织地走进了天坛公园广场，畅游古柏林间，共享节日的喜悦。

1972 年 10 月 11 日，经上级批准，将天坛公园北宰牲亭、北神厨两处作为崇文区少年之家活动场所，拨长廊西两间房屋作为崇文区少年之家办公用房，共计面积 1530.86 平方米。在这里很多青少年度过了美好的少先队时光（图6-1）。1990 年崇文区少年之家迁出。此后，天坛北神厨、北宰牲亭院落作为展览场所向公众开放。

1978 年 3 月 28 日，全国科学大会召开，中国科协代主席周培源提出要"积极开展科学普及工作，为提高全民族的科学文化水平作出贡献"，要"大力开展青少年的科学技术活动"。1978 年 12 月，十一届三中全会开始实行对内改革、对外开放的政策，这一时期天坛公园内称得上科普的只有"阅报栏"。阅报栏很简陋，上面贴上报纸。透过苍翠古柏，

图 6-1　崇文区少年宫

图 6-2 阅报栏（2015 年 11 月）　　　　　　图 6-3 画册《天坛月季》

初升的太阳把阅报栏及阅报人的影子拉得长长的，公园里一片安宁。读报的人们你看你的，我看我的，各取所需，各有其乐。人们或遛弯，或晨练，或是订不起报纸专程来读报，边"复习"昨天的内容边等待今天的新报，以满足其先睹为快的需求。阅报栏里通常是《人民日报》。他们把从这里读解到的国事天下事带回家，作为茶余饭后的谈资。正是通过这个窗口，使得广大市民增长了知识，开阔了视野（图 6-2）。

　　1980 年，《天坛月季》画册出版（图 6-3）。1992 年天坛公园成立科技科，科普工作处于起步时期。科普活动比较单一，不能系统、连续地实施科普活动。1994 年，《天坛植物志》《天坛病虫志》编写完成。1995 年，天坛编写制作生态科普展板 2 套、宣传折页 4 款、视频 2 套。

二、宣传活动

　　2002 年 6 月 29 日，第九届全国人民代表大会常务委员会第二十八次会议通过《中华人民共和国科学技术普及法》（以下简称《科普法》），指出开展科学技术普及，应当采取公众易于理解、接受、参与的方式。从 2003 年开始，为宣传贯彻落实《科普法》，中国科学技术协会在全国范围内开展了一系列科普活动。从 2005 年起，为便于广大群众、学生更好地参与活动，活动日期由每年 6 月份改为每年 9 月第三个公休日，作为全国科普日活动集中开展的时间。

2006年，国务院颁布实施《全民科学素质行动计划纲要（2006—2010—2020年）》，明确提出公民科学素质建设在今后很长一段时间内都将是我国科普工作的重点。这些法规的颁布与实施对加强科普工作，提高公民的科学文化素质，推动经济发展和社会进步具有重大意义。

2000年4月15日，天坛首次举办生物多样性主题宣传月活动，发放科普宣传品2000余份。此次活动是"首届北京名园名树名花观赏节"暨"第三届北京生物多样性保护科普宣传月"活动之一。在此之后，每年固定举办生物多样性保护宣传月科普活动。

2002年4月20日，以"保护生物多样性，建设绿色天坛"为主题的科普活动在天坛丹陛桥以展览和签名两种形式展开。其中展览以天坛的常见鸟类及珍稀植物标本为主。展板注重环保理念，倡导生态旅游，诠释"绿色天坛"的内涵，推广保护生物多样性、生态旅游的相关知识。签名活动在"保护生物多样性，建设绿色天坛"的条幅上进行。条幅长30米、宽1.2米，白底绿字，铺于丹陛桥上，过往游客纷纷参加签名活动。

2003年4月，在丹陛桥上举办了"爱鸟、观鸟、融于自然"的科普宣传活动，以此拉开了以"保护生物多样性，共享天人协和"为主题的科普宣传月活动序幕。

2007年9月下旬至10月上旬，举办北京市公园管理中心"一园一品""天坛古柏文化展"，编制了古树宣传片及科普宣传折页（图6-4）。

2008年，中国生物多样性保护基金会肯定了公园在生物多样性保护、绿化、

图6-4　天坛公园科普宣传折页

古树方面作出的成绩以及对生物多样性保护作出的贡献。为提高生物多样性保护水平、推动国内外交流与合作，天坛公园被列入 "中国生物多样性保护共建示范基地"。

2011 年 8 月，中国少先队事业发展中心授予天坛公园"中国少先队事业发展中心红领巾游学计划教育实践基地"和"中国少先队红领巾游学计划校外辅导员团队"铜牌。双方协定充分发挥彼此资源优势，依托天坛世界文化遗产，建立少年儿童体验教育活动基地，为"游学计划"的实施搭建载体和平台。共同策划和组织实施有益少年儿童身心健康的多种形式的课外实践活动，努力加强教育实践基地建设，竭诚为少年儿童的健康成长作出应有的贡献。

2012 年 5 月，《天坛花卉》出版。2014 年 12 月，《天坛古树》出版。

2012 年 5 月 18 日，北京市公园管理中心科技周活动启动仪式在祈年殿西侧广场举行，将书籍《天坛花卉》与月季盆花作为礼物赠送给社区和学校代表，举办了共建美好家园多项科普实践活动：放飞天敌昆虫、生物防治古树害虫、体验信息钉在古树管理中的应用以及天坛花卉技师讲授月季的养护栽培技艺等。

2016 年后，天坛创建了天坛品牌科普系列活动。活动以古树为核心，以四季为变化，对活动内容与形式都进行了精心设计，极具知识性、趣味性，又突出了天坛特色。举办各类生态科普知识讲座，进社区、进学校，科普活动初步形成了群众性、社会性和经常性的工作模式。全年科普活动常态化。

2020—2022 年，受新冠肺炎疫情影响，科普活动形式发生了变化，线下活动受到限制。活动形式改为以线上授课为主，针对青少年、亲子家庭等不同受众，通过官方自媒体平台开展科普活动。发布科普视频、科普文章、编写图书图册、科普展板，制作科普小程序模块，通过多途径、多手段宣传天坛文化，展现遗产价值。

三、科普基地

1996—2001 年，位于圜丘西南侧的果园向游人开放，面积 3 万平方米，果园分"硕果园""田园风光"两部分，内部除有苹果、桃、葡萄等果树外，还种有 50 余种农作物和中草药，开放果园给生长在都市的人们特别是青少年提供了一个亲近大自然、认识五谷草药的场所。1999 年，果园被崇文区教育局定为"青少年教育基地"，成为天坛第一个与科普基地有关的命名称号。但随着 2001 年天坛植物调整，果树全部伐除，教育基地也就随之消失。

2013 年北京市公园管理中心为推动公园科普常态化，打造科普品牌，各公园相继开办科普小屋对外开放。2014 年，天坛公园投资 200 余万元，由北京市园林学校原教学基地改建成天坛生态科普园，分为木屋建筑及室外生态体验区两部分，占地面积 13572 平方米。木屋建筑室内部由科普互动厅、科普实验室组成，具有科普用硬件设施设备。生态科普园室外生态体验区，种植用于科普的植被，其中乔木 82 种、灌木 40 余种。生态科普园为市民提供了科普体验场所，于 2014 年 10 月正式运行（图 6-5）。

天坛公园自建立生态科普园后，开始举办室内外展览、组织中小学生开展生态科普互动活动。生物多样性宣传月、北京市公园管理中心科技周（2015 年改称科普游园会）、暑期科普夏令营、全国科普日、园林科普津冀行等专项

图 6-5　生态科普园

科普活动项目相继展开。活动数量由 2011 年前的一年一次活动，增加到 2020 年一年开展线上线下科普活动百余次，生态科普园建立以来已有上百万人次参与活动。科普活动以生态科普活动为主，主题科普活动为辅，形式多样。生态科普园已成为科普宣传的有效载体。2014 年，天坛公园被首都绿化委员会评为首都生态文明宣传教育基地，2015 年被北京市科委评为北京市科普基地，2018 年被评为北京园林绿化科普基地，2022 年又获得北京市科普基地及全国科普教育基地的称号（表 6-1）。

这一时期天坛的科普工作，按照北京市公园管理中心强化管理机制，提高科普工作管理水平等相关要求，设置科级干部主管科技科普工作，配备专职科普人员，在科普创作、展览设计、科普活动策划等方面进行组织和管理，以提高科普人员的专业化水平。面向社会公众进行科普讲解。高、中级职称以及大专学历以上人员参与进来，完善科普队伍。

与大专院校、科研部门、公益环保组织等多渠道联合开展科普活动。天坛公园紧跟时代，加强科学普及服务创新发展。坚持科学性、前瞻性、精准性、实用性，紧密结合实际推进天坛科普向前发展。以开拓进取姿态，积极举办各种类型的科普活动。在实际工作中探索切实可行、富有成效的工作方式，通过现代手段和传媒，把新思路、新知识、新信息传递给公众。

生态科普活动突出主题，确定针对植物知识、生态保护、古树文化、特色植物等各类内容，全年进行科普。注重提升科学素质，增强游客与市民环保意识，为生态文明建设和"美丽中国"作贡献。

2016—2018 年，完成"天坛公园科普传媒资源库的构建与利用"课题研究，完成整理、补充、完善天坛公园古树、植物、昆虫及鸟类的生态科普基础资料的工作。搭建天坛公众号科普平台，推动科普资源共享，提升服务能力。科普与网络有机结合，研发完成古树寻踪科普活动微信小程序、科普活动微信报名系统，建立天坛科普活动微信群，利用自媒体推送科普文章，实现了科普内容、表达方式、传播方式、组织动员等模式的创新。

编写制作完成各种科普图书及图文资料 9 大类 106 种，天坛科普传媒资源库已初具规模。出版图书《天坛公园植物图鉴》，该书既是一本科普图书，也是一本天坛植物研究资料，详尽介绍了天坛公园的全部植物，图文并茂、内容全面，这在北京园林行业中尚属首次（图6-6）。2020—2022年，完成科普课题"天坛公园鸟类科普活动的创新与实践"，丰富了活动内容，创新了科普形式。2020年，出版图书《天坛公园野鸟图鉴》，记录了天坛公园发现的199种鸟，可作为读者在野外观鸟的参考书（图6-7）。

天坛被授予的科普冠名一览表 表6-1

年份	授予冠名	主办方
1999年	青少年教育基地	崇文区教育局
2008年	中国生物多样性保护示范基地	中国生物多样性保护与绿色发展基金会
2008年	中国世界遗产教育示范基地	世界遗产研究会
2011年	中国青少年体验教育基地	中国少先队事业发展中心
2014年	首都生态文明宣传教育基地	首都绿化委员会
2015年	北京市科普基地	北京市科学技术委员会
2015年	北京十佳生态旅游观鸟地	北京野生动物保护协会
2018年	北京市园林绿化科普基地	北京市园林绿化局
2022年	北京市科普基地	北京市科学技术委员会、中关村科技园区管理委员会
2022年	全国科普教育基地	中国科学技术协会

图6-6 《天坛公园植物图鉴》　　图6-7 《天坛公园野鸟图鉴》

1953 年在"文化休息"公园理念下，天坛公园的花卉种植开始发展起来。1955 年，建立花圃园艺二班负责花卉栽培。1963 年，建成月季园并连年举办花展。在主要景点游览线设置花坛、花带进行美化。

斋宫进行了绿化，神乐署腾退恢复后进行绿化施工，相继建成百花园、双环亭、科普园等园中园。

一、斋宫

斋宫建于明永乐十八年（1420 年），是明清两代皇帝祭祀前在天坛内举行斋戒仪式的宫殿。位于内坛祈年殿西南，东距丹陛桥 500 米。斋宫坐西向东，面向祭坛，有寝宫、无梁殿、钟楼、值房、膳房等建筑。斋宫有内外两道宫墙、御河，斋宫内所有建筑均覆绿琉璃瓦，红墙朱漆，施以旋子彩画。宫城呈回字形，占地面积达 4 万平方米。

清乾隆七年（1742 年），斋宫修缮，为修建寝宫和其他附属建筑，填平了西部无梁殿后内御河（图 6-8 ～图 6-10）。

乾隆在清静的斋宫斋戒时，传来神乐所演奏的乐曲与松涛声，遂作《斋宫叠旧作韵》："将临大祀惕予躬，肃肃清斋此在宫。一气回时天意见，诸缘净处道心融。间听韶磬松风外，坐验周圭日影中。昭事惟馨吾敢谓，只馀颙若数年同。"

1900 年，英美军队侵入天坛，美军提督代联军统帅，在天坛斋宫设总司令部，在神乐署内设总兵站司令部。

1949 年之后，斋宫继续用作办公场所。1952 年，无梁殿栽植侧柏及部分榆叶梅 34 株。1952 年，北京市绿化工程处辟办公所。1955 年，斋宫钟楼前

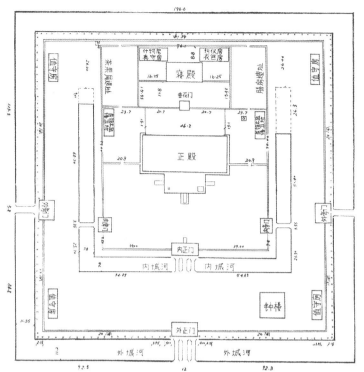

196.60 米 × 202.10 米 = 39732.86 平方米

图 6-8 斋宫平面图

图 6-9 斋宫无梁殿

图 6-10　斋宫内无树木　　　　　　　图 6-11　斋宫露天影院（1957 年）

建露天剧场，演戏剧、放电影，直到 1958 年斋宫开放才拆除（图 6-11）。1960—1978 年，为天坛公园管理处用房。1986 年，辟无梁殿为文物陈列室，展示天坛所藏历史文物数百件。1988 年，寝宫按历史原貌恢复部分陈设。

斋宫内原有树木不多，仅寝宫前有古柏树，斋宫西北处有古槐树。现部分树木是 20 世纪 50 年代栽植，有松柏、杨树、海棠、丁香、柿树、蜡梅等。1978 年后又补植了国槐、龙爪槐、玉兰、珍珠梅、雪松、白皮松等。

1959 年，将斋宫无梁殿前的丁香移栽至祈年殿向西 50 米，古柏林西侧，形成现在的丁香林。

1982 年，在斋宫无梁殿前栽牡丹两组，共 180 株，品种 21 个，于 1995 年取消。

二、月季园

天坛公园月季园位于祈年殿西南、斋宫东北，始建于 1961 年，占地面积 1.3 万平方米。月季园中定植 7500 株月季，园内花台、花架、花篱均用不同品种月季栽培布置，古柏、雪松矗立其中，参差有异，花影缤纷，别具一格。作为当时华北地区最大的开放型专类月季园，天坛公园月季园曾盛极一时，受到广泛的关注和月季爱好者的欢迎。多位党和国家领导人曾前来参观游览，并给予了肯定和高度的评价。

月季园采用中轴对称的规则式设计，分南、中、北三区。共设东、西、南、北 4 个入口，园的四周不设栏杆。

南区为色彩鲜明的花坛区，中心为一组八卦形式的花坛群，分内外两层，各四个花坛，种植方式为片植，种植月季 4000 余株。南区月季以色块形式分布、姹紫嫣红、花大色艳、气氛热烈。

北区为名贵品种区，面积 5000 平方米。花坛内栽植较名贵的月季品种，每种只种数株，利于月季品种鉴赏。徜徉花海之中，优雅恬静，轻松愉快。

中区原为花台喷泉区，面积 4000 平方米，后改造成圆形花池。

1964 年，天坛公园成立了专门负责管理月季的机构——月季班。

2003 年，本着提高景观效果的宗旨，对月季园进行了更新充实改造。栽植更新品种，共计 1 万余株。花开时节，园林工作者积极举办月季展并开展月季科普宣传活动，通过展板、咨询、月季导赏等形式满足市民对月季欣赏、月季文化及月季栽培等方面知识的需求（图 6-12、图 6-13）。

图 6-12　月季园

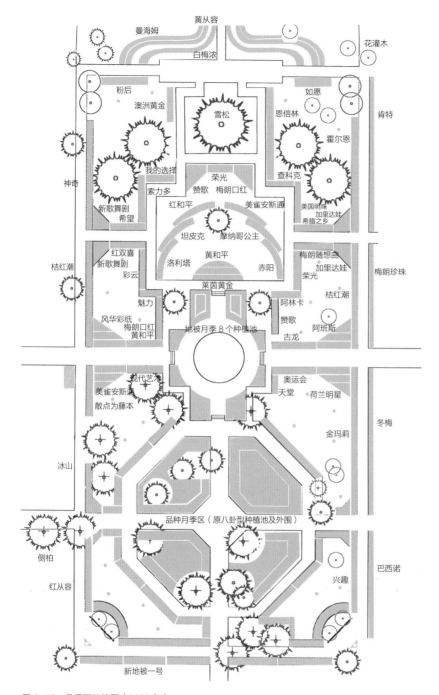

图6-13　月季园种植图（2003年）

三、百花园

百花园，建于 1961 年前后，占地面积约 3 万平方米，位于月季园西侧。园内花木繁茂，还建有牡丹圃、芍药圃及百花亭，是开展生态科普宣传的重要场所。

园内花木 60 余种、1100 株，其中有油松、垂柳、杨树、马鞍槐、海棠、丁香、杏树、黄刺玫、山桃、榆叶梅、玉兰等。1976 年 1 月，天坛职工为纪念周恩来总理逝世栽植一株白皮松，后被称为"周恩来纪念树"。1977 年，调整百花园内的植物，伐除雪柳、垂柳、杨树等大量落叶树，补植了碧桃、连翘、迎春、锦鸡儿等多种灌木，修建了园路，路边栽植西府海棠，园中栽植紫叶李、文冠果、雪松、龙柏、黄杨等乔木。

1976—1982 年，先后有日本、朝鲜、加拿大及德国的友人在百花园种下友谊树。

2000 年和 2016 年，先后对百花园景区进行植物调整与园路完善，提升景观效果。在百花园南端园路两侧栽植现代海棠及多种花灌木，栽种麦冬草近 1 万平方米，补植了牡丹、芍药。春天的百花园，姹紫嫣红、五彩缤纷、春意盎然，游人如织。

园内有牡丹 62 种、489 株，占地 1300 平方米；有芍药 30 种、1080 株，占地 1600 平方米。2008 年，普查牡丹、芍药，绘制品种植图。

牡丹也被称为"谷雨花"，谚云："谷雨三朝看牡丹"。花期从 4 月底至 5 月初持续半个月。"牡丹花谢芍药开。"芍药为草本之首，被人们誉为"花仙"和"花相"，称为"五月花神"，自古作为爱情之花，被作为七夕节的代表花卉（图 6-14）。

百花亭位于百花园中心，1978 年迁建于此（图 6-15）。原建于北京东城区西总布胡同 27 号李鸿章祠堂。亭子重檐六角，黄琉璃瓦顶，蓝剪边，梁栋彩绘均为花草，故名"百花亭"，也叫"六角彩亭"，与百花园相得益彰。

图6-14 牡丹导赏活动

图6-15 百花亭

四、双环亭

双环亭又叫双环万寿亭（图6-16），原建于中南海，是清乾隆皇帝为其母后庆祝五十寿辰而建，占地380平方米，建成于乾隆六年（1741年），1976—1977年迁建至此。双环亭景区由"双环万寿亭""方胜亭""扇面亭"及63间游廊等组成。

双环万寿亭由两座重檐圆亭套合而成，上檐蓝琉璃瓦黄剪边，下檐黄琉璃瓦蓝剪边。亭下的台基平面呈现出别出心裁的桃形，含有祝寿之意，因此又名"桃亭"。方胜亭又称"套方亭"，是两个正方亭沿对角线方向组合在一起形成的组合亭。方胜亭的构造，基本遵循正四方亭的构造模式，但也有其特殊之点，屋面木基层以上依次由苫背、上瓦、调脊、宝顶构成，宝顶之上还进行了装饰。方胜亭和双环亭一样，都是两座形制相同的亭套连在一起，所代表的都是"吉祥圆满"的寓意。

扇面亭在万寿亭以南的假山上独立存在，亭形状犹如打开的折扇。飞檐大脊，灰瓦红柱，苏式彩画，玲珑小巧，前窄后宽，别具特色，是我国古代园林中特有的建筑。身居亭中向北，可俯看双环亭、方胜亭及游廊逶迤绚丽之态。

景区中建植了大面积草坪，栽植白皮松、桧柏、雪松、龙柏、龙枣、龙爪槐、丁香、西府海棠、紫叶李、连翘、榆叶梅、白花山碧桃等花木，成为天坛公园中一处美丽幽静、独具特色的景区。

五、菊花展

菊花（*Dendranthema morifolium*），菊科、菊属，多年生宿根草本植物。别名：黄花、寿客、金英、黄华、秋菊等。因在农历九月开花，亦称九花。《礼记》（公元前475—前221年），其《月令篇·季秋之月》中有："鸿雁来宾菊……鞠有黄花……"的描述，季秋即寒露和霜降节气，正是菊花盛开的时候。菊花是经长期人工选择培育的观赏花卉，也称艺菊，色彩丰富，品种达3000多种（图6-17）。

图6-16 双环亭

图6-17 菊花展

天坛公园的菊花栽培始于1954年，至1957年，公园内种植的菊花达859个品种。1958年，培育出第一个天坛菊花新品种，初命名为'北京一号'，其花形卷抱如球形，花色洁白如雪，具有绿色花心，遂又命名为'瑞雪祈年'。几十年来又先后培植出'金马玉堂''檀香勾环''独立寒秋''白云堆髻''太真含笑''龙盘蛇舞''广寒宫''丹陛金狮'等诸多品种。目前天坛菊花保留品种达800余个。

天坛公园的菊花栽培除独本菊外，还有大立菊和悬崖菊等。1965年曾培育出千头大立菊，一棵独本菊花开出1270朵菊花，在京城养菊行业传为佳话。悬崖菊长度可达3.5米。此外在艺菊裱扎方面也不断积极创新，造型丰富，为展览增加了观赏性及艺术性，成为特色赏菊的谈资。

天坛公园的菊花展始于1959年，展览地点在皇乾殿内，至1965年共举办8次菊展，展出多个杂交品种，还有悬崖菊和大立菊。之后展览由于历史和场地等原因几度停办。1996年重新恢复菊花展，并保持连年举办。至2022年，天坛公园已举办了41届菊花展，每年菊展都要举办线上线下的菊花导赏活动，让更多的市民知菊、赏菊、品菊（表6-2）。

天坛公园的菊花展览（1996—2022年） 表6-2

时间（年）	主题	展览地点
1996	金秋胜春	绿化一队队部
1997	钟韵秋香	斋宫
1998	古坛秋韵	北神厨
1999	古坛飘香	北宰牲亭
2002	天坛公园菊花展	斋宫
2003	菊韵秋香	斋宫
2004	秋之约	斋宫
2005	和风送爽	神乐署
2006	玉德菊韵	神乐署
2007	奥运中国 礼仪天下	神乐署

时间（年）	主题	展览地点
2008	神州巨变三十年	神乐署
2009	六十年中国 人寿年丰	神乐署
2010	美丽都市	神乐署
2011	强国之路	神乐署
2012	观菊赏乐	神乐署
2013	京华菊韵	神乐署
2014	京韵菊香	神乐署
2015	华夏菊香 筑梦中国	祈年门南侧广场
2016	古坛京韵菊花香	祈年门南侧广场
2017	秋菊佳色竞重阳	祈年门南侧广场
2018	菊韵新生	祈年门南侧广场
2019	金菊花开庆华诞	祈年门南侧广场
2020	菊颂古坛神韵，香传盛世华章	祈年门南侧广场
2021	菊舞金秋花满园	祈年门南侧广场
2022	古坛四时景 红墙映黄华	祈年门南侧广场

六、月季展

月季（*Rosa chinensis*），蔷薇科、蔷薇属，多年生灌木、藤本和微型，别名长春花、月月红、斗雪红、瘦客。月季花原产于中国。现代杂交的月季品种多达 1 万多个。天坛公园 1962 年举办首届月季展（图 6-18）。

1979 年 5 月 13 日，天坛公园举办月季展，展出 300 多个品种，共 2500 多盆，为期 35 天，吸引 5 万多人前来参观。展览期间，北京人民广播电台、北京市电视台和《北京日报》报道了该展览。1984 年 5 月 20 日，天坛公园承办了北京市第三届月季花赛，参展品种 300 多个，4000 多盆，其中有 20 世纪 80 年代以后国内外出现的月季新品种。在 1987 年北京农业展览馆举办的全国第一

图 6-18　天坛公园月季展（2013 年）

届花卉博览会上，天坛公园培育的月季荣获科技进步奖及展出艺术奖。同年，在重庆举办的全国花卉赛上天坛公园送展月季品种'艾斯米拉达'荣获"花王杯"奖。1988 年举办天坛公园月季花展，展出 300 多品种、9000 多盆名贵品种月季。

1994 年，开始开拓盆栽月季展示的形式，实施大花盆栽月季的筛选与应用实践。至 2009 年，选育出了 20 余个比较稳定、适宜花坛使用的月季品种，满足天坛公园环境布置要求，取得了良好的效果。

在栽植技术方面，多年来花卉技师对盆栽月季进行了品种筛选和花期调控，从 500 多个品种中筛选出'莱茵黄金''绯扇''阿尔丹斯'等 10 多个适用于花坛摆放的品种，并进行花期控制，在重大节日期间摆放各色盆栽月季，成为天坛公园节日环境布置的一大特色。

1996 年后恢复月季花展。这一时期，天坛公园月季多次参加北京市及全国的花卉大赛，并多次获奖。2000 年 5 月 20 日—6 月 1 日，北京市第 21 届月季展在天坛公园斋宫举行。该展览由北京市园林局、北京市月季协会主办，天坛公园承办。展览以盆栽月季和艺术插花为主要内容，天坛公园荣获特殊贡献奖。

此后，天坛公园贯彻执行文化建园的方针，对花卉栽培采取扶持政策，注重技术的传承和人才的培养，盆栽月季养护水平有了新的提高。

自 2006 年起，天坛公园恢复在每年春举办天坛公园月季展。展览展示月季栽培技艺，宣传科普知识，传播弘扬月季文化。天坛月季取得了长足的发展和进步，在业内的声誉也越来越高。至 2022 年天坛公园已举办了 41 届月季花展（表 6-3）。

天坛公园月季展览（1996—2022 年）　　表 6-3

时间	展览主题	展览地点
1996 年 11 月	金秋胜春（菊花、月季联展）	斋宫
1997 年 11 月	钟韵菊香（菊花、月季联展）	斋宫
1999 年 9 月	普天同庆	北宰牲亭
2000 年 5 月	承办北京市第 21 届月季花展	斋宫北河廊
2004 年 11 月	秋之约（菊花、月季联展）	斋宫
2006 年 5 月	端阳约瘦客	神乐署、月季园
2007 年 5 月	天地同和	神乐署、月季园
2008 年 5 月	京华燃圣火　天地共长春	祈年殿、丹陛桥、月季园
2009 年 5 月	万寿愈长春	神乐署
2009 年 9 月	盛世欢歌	神乐署
2010 年 5 月	世博悦神州　春花映古坛	神乐署
2011 年 5 月	红色旋律	神乐署
2012 年 5 月	京花市树游人赏　我的北京我的家	北门至祈年殿西砖门沿线、祈年殿景区、月季园
2013 年 5 月	胜春庆园博	北门至祈年殿西砖门沿线、祈年殿景区、月季园
2014 年 5 月	月季花开　乐在天坛	北门至祈年殿西砖门沿线、祈年殿景区、月季园
2015 年 5 月	祈年胜春　和平花开	北门至祈年殿西砖门沿线、祈年殿景区、月季园
2016 年 5 月	春迎月季　花开天坛	北门至祈年殿西砖门沿线、祈年殿景区、月季园
2017 年 5 月	赏花乐来	北门至祈年殿西砖门沿线、祈年殿景区、月季园

时间	展览主题	展览地点
2018 年 5 月	胜春庆百年	北门至祈年殿西砖门沿线、祈年殿景区、月季园
2019 年 5 月	胜春绽放　花路迎宾	北门至祈年殿西砖门沿线、祈年殿景区、月季园
2020 年 5 月	月满古坛人康健　花开盛世报平安	北门至祈年殿西砖门沿线、祈年殿景区、月季园
2021 年 5 月	胜春迎盛世　花开庆百年	北门至祈年殿西砖门沿线、祈年殿景区、月季园、科普园
2022 年 5 月	胜春绽放　"香"约古坛	北门至祈年殿西砖门沿线、祈年殿景区、月季园、科普园

第七章

节日花卉应用

随着我国经济的发展，人们的生活品质逐渐提高，文化、审美素质也日益增强。生态文明建设日趋深入，人们更注重人文环境的营建。每到盛大节日都要在公园广场等重要节点摆放花坛、花卉。这不仅渲染了节日气氛，美化了环境，也使人们在欣赏花卉、享受优美环境的同时，被带入美好的意境中去。

天坛是明清两代皇家祭坛，其性质决定了郊坛风貌。天坛外坛广植柏树，俯瞰圜丘坛，苍翠、茂密的绿色树冠簇拥着祭坛。在古代，苍松翠柏所呈现出来的深绿色表示崇敬、追念和祈求之意。节日游园和大型外事活动期间，花卉布置、营造优美环境是工作重点之一，起到烘托节日气氛、画龙点睛的作用。

天坛公园从 20 世纪 50 年代初期开始栽培花卉。以月季（图 7-1）、菊花（图 7-2、图 7-3）等花卉为主，还有大量的一二年生草花和宿根花卉，主要用于节日花坛的摆设，突出政治主题、烘托活动氛围、增加节日气氛（图 7-4、图 7-5）。早在 1953 年，天坛公园内建成数十个露地花池，栽种美人蕉等花卉。1956 年，天坛公园从南方引种五色草获得成功，此后节日布置除一二年生草花花池、固定宿根花卉花池、盆花组摆外，又增加了五色草用于花坛、花纹及组字。

"文化大革命"开始后，天坛公园大批花卉在运动中被毁。至 1972 年以后，每逢"五一""十一"，北京市各大公园都要举办游园庆祝活动，公园内主要游览区都要布置花坛、花堆，仅 1976 年就布置各种花坛 30 余个（图 7-6）。20 世纪 80 年代以后，天坛的保护与管理以"恢复历史原貌，再现古坛神韵"为宗旨，花卉不再作为工作重点进行大量投资，种植数量上保证"两展一摆"（两展即月季展、菊花展，一摆指节日摆花）工作的完成。

直至今日，天坛公园的节日花卉布置工作仍在继续，并且不断努力提高自身水平，在花卉布置工作的科学性、艺术性、规模性及可持续性等方面都取得了很好的成绩。从 2004 年北京市公园管理中心开展城八区区属公园与市属公园国庆花坛评比开始，天坛公园的花坛连续多年获奖（图 7-7 ~ 图 7-10）。

图 7-1　月季自育品种'北京小妞'（1995 年）

图 7-2　菊花自育品种（1994 年）

图 7-3　菊花谱

图 7-4　皇乾殿后花坛（1977 年）

图 7-5　大型活动（2005 年）

图 7-6　丹陛桥花坛（1976 年）

图 7-7　明灯照九州（一）（2005 年）

图 7-8　明灯照九州（二）（2005 年）

图 7-9　五福临门（2006 年）

图 7-10　龙腾盛世（2009 年）

一、主题鲜明

天坛公园在节假日"五一""十一"期间以及有重要的接待任务和庆典活动期间进行花卉布置。节日花卉布置根据当前形势策划，拟定主题，明确目标。主线串联公园各处花坛。花卉布置围绕活动主题展开，与天坛公园环境相结合，突出天坛公园特色。

二、规模大，形式多样

天坛祈年殿是北京标志性的建筑，道路沿线长、广场开阔，因此花卉布置规模较大。在提升节日花卉布置观赏效果、烘托节日气氛的同时又要与天坛环境相协调。

花坛花卉景观与天坛整体格调相统一，呈现出更为丰富的艺术效果。结合大空间的特点，在门区、景区节点、道路及绿地采取多种形式布置。因此全园花卉布置是点（花坛）、线（花带、花钵）、面（花境）多种形式共存（图7-11）。

三、项目策划，控制细化

重大活动一般工期紧，往往几个花坛需要同时开工才能在规定时间内完成。首先进行项目的策划，并制定施工方案、预案，做到有备无患。通过分工细化，将各项工作逐级分解，按倒排工期建立工作台账，保质保量按时完成任务。

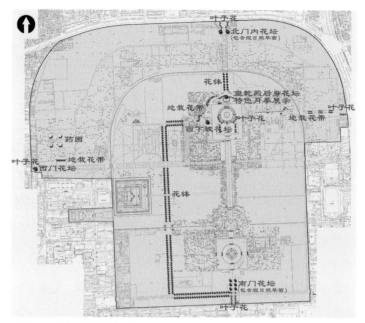

图 7-11 花卉布置情况平面图（2008 年 8 月）

四、技术创新，提升水平

为了突破传统，寻求创新，天坛公园花卉布置从平面花坛扩展到立体花坛。穴盘苗及滴灌技术的应用，花坛钢结构骨架的制作等技术支持，推进了立体花坛的发展进程，显著提高了观赏效果。

五、适宜花材，色彩搭配

天坛公园举办重大活动（如：2005 年 5 月 16 日北京《财富》全球论坛、2008 年 4 月 20 日奥运马拉松测试赛等），常遇活动的时间不与花期重合，花材的选择受到约束，这就更需要针对性应用花材。

花坛一般使用有群花效果的花材。用观赏植物的茎、叶和花的不同颜色组成色块，选择特殊花材进行组摆花坛。另外，具有特殊香味的花材更能吸引游客欣赏。

一、因地制宜，优势互补

花坛的设置要体现艺术美感，充分考虑花卉布置周边的环境以及人的观赏角度。花卉布置不能影响场地使用功能，同时营造宜人的花卉景观。例如：北门中心广场以两侧花坛为好，南门以圆形花坛比较适宜。为了不遮挡圜丘景观以便游人更好地观赏，近年来多采用通透的花坛形式，或在道路两侧布置花坛。

其次，设置花坛要考虑花坛的结构和类型，与周围环境相协调。例如：祈年殿西下坡利用长 23.75 米、宽 5.42 米的坡道布置模纹花坛最为适宜。

另外，在花坛的体量方面来看，体量小巧、布局分散的花坛花堆显得零乱，适宜采用统一模式进行统筹布置。

二、整体主导，统一各部

花卉布置随着时间、主题、场地和背景的差异都会有所不同。整个花卉布置的主线应在围绕大的节日背景前提下，将节日氛围与天坛公园背景结合起来，形成自身特色。根据场地特点确定花卉的布置形式，巧妙利用原有景物并与其风格特色相协调，达到提升原有地段景观品质的目的。

三、特色主题

根据天坛公园场地特点，确定重点布置区域。选择门区和主要景区周边，重点突出，形式多样，围绕着一个主题展开，形成一个统一整体。

（一）株高配合

花坛中的内侧植物要略高于外侧，由内而外逐步降低植物高度，做到平滑地过渡，使整个花坛表面平整。

（二）花色协调

摆放于花坛的花卉不拘品种、颜色。同一花坛中采用花色对比鲜明的花卉，通过颜色对比互相映衬，在对比中展示各自夺目的色彩。如果采用同一色调中相近花色的花卉相邻，则可考虑加入对比色花卉。

（三）采用大色块构图

花坛摆放的图案中采用大色块构图，简约的流线形风格彰显群花的美丽。在花坛摆放中还可采用绿色的低矮植物（如五色草）作为衬底，摆放在不同品种、不同色块之间，形成高度差，产生立体感。

一、布置场地

根据公园整体布局特点和花卉布置的主要目的，布置场地可分为三种：

一是东西南北四大入口广场区。其中东门广场南侧可组摆单侧花坛。西门广场小，还有一部分被作为游览车的停车场地，因此重点布置场地多是在南北门，场地相对较大，又是贯穿主游览路线的两个大门。

二是重要景区。皇乾殿南侧广场、祈年殿西下坡及丹陛桥。其中祈年殿西下坡是进入祈年殿的主要出入口，是布置的重中之重。

三是游览路线沿线。不同的节日活动路线其花卉布置路线也有所不同。天坛多数是将公园南北中轴线周边作为花卉布置的主要区域，此线路贯穿了南北门和四大主要景区（祈年殿、丹陛桥、回音壁和圜丘）。

二、布置形式

天坛公园面积大，可供花卉布置的场地多样，布置形式也相应多样，主要是花坛、花带、花境、立体组合装饰四种。

（一）花坛

主要地点：东西南北四大入口广场区、祈年殿西下坡。

1.东门、西门

单面观赏立体花坛为主，这种形式花坛占地相对较小，可靠广场一侧放置，对游人和车行影响较小，适于东门和西门广场（图7-12、图7-13）。

2.南门

主要采用两侧序列式立体花坛和中心式四面观赏立体花坛的布置形式。南门广场是狭长形的，两侧序列式立体花坛与广场结合的整体效果非常好，且不干扰交通和景区景观。中心式四面观赏立体花坛体量大，景观效果壮观，但一定要注意花坛大小尺度的把握，花坛宽度要控制在不影响车行和人行的范围内，高度不能遮挡景区建筑（图7-14）。

图7-12 西门花坛（2004年10月）

图7-13 东门花坛（2008年8月）

3.北门

北门内广场为半圆形，可布置中心式四面观赏立体花坛、两侧式立体花坛（图7-15、图7-16）。

4.祈年殿西下坡

斜面模纹花坛为主，2008年4月20日奥运马拉松测试赛期间，做过一次立体造景花坛，施工难度很高，但最终效果很好（图7-17）。

图7-14 南门花坛福娃欢唱迎宾朋（2008年4月）

图7-15 北门内花坛（2005年10月）

图 7-16 北门内花坛欢唱奥运迎宾朋（2008 年 4 月）

图 7-17 祈年殿西下坡龙腾盛世（2008 年 4 月）

（二）花带

主要地点：东门至东二门间的树池，皇乾殿南侧至祈年殿西下坡道路。

（1）每个树池中满铺一种花材，两侧对称布置（图7-18）。

（2）用两三种花材组成简单的图案（图7-19）。

图7-18　东门至东二门树池

图7-19　北二门至皇乾殿树池花带

（三）花境

　　天坛公园的花境布置形式是从 2007 年开始应用的，地点是皇乾殿南侧的草坪内与古柏一区草坪内（图 7-20、图 7-21）。

图 7-20　古柏一区草坪内花境

图 7-21　北宰牲亭南草坪内地栽花卉

（四）立体组合装饰

主要地点：游览路线周边的草坪内、丹陛桥两侧中心花坛周边。

（1）花钵：结合天坛特色的式样进行设计（图7-22～图7-25）。

（2）花柱：三节花柱，中间部位可根据需要贴各种图纹来配合每次的花卉布置大主题（图7-26）。

（3）吊盆（图7-27）。

（4）立体花架（图7-28）。

三、植物材料选择

图7-22　仿青铜花钵

图7-23　仿石花钵

图7-24　仿枧花钵

图7-25　仿埙花钵

图 7-26 花柱骨架

图 7-27 吊盆

图 7-28 花架

（一）选择依据

（1）根据该花卉布置时间内的气候特点选择。

（2）根据场地条件的情况选择。

（3）根据不同花卉布置类型选择。

（4）根据植物材料的习性特点选择。

（二）应用花材

早菊：用于立体和平面花坛都非常好的花卉，平面图案无论是具象图纹还是曲线图案用早菊做花材效果都很好。颜色主要是红、黄、粉三种，其中黄色非常纯正，用得最多，效果也最好，唯一的不足就是早菊的花期限制在"十一"前后（图7-29）。

图 7-29 早菊立体花坛

矮牵牛：花色多，颜色鲜艳，花期长，从5月到11月都可用。用于平面花坛、模纹花坛、花带、花境、花钵均可，效果很不错，就是不适于上立体骨架。矮牵牛适宜摆曲线图案，用于具象图纹效果一般，图纹边缘不够清晰（图7-30）。

切花石竹：2008年4月20日（奥运马拉松测试赛）和2005年5月16日（北京《财富》全球论坛）两次活动中，鉴于北京4月天气还比较凉，盛花期的花卉很少，为了营造热烈喜庆的气氛，选用了切花石竹作为花坛主要花材，因其花色多、颜色艳丽，取得了很好的效果（图7-31、图7-32）。

图7-30 矮牵牛平面花坛

图7-31 切花石竹立体花坛

图7-32 北京《财富》全球论坛标识花坛，切花石竹模纹

一、花坛道具

　　为了更好地突出设计主题，花坛中有时会适当应用一些硬质材料作为道具。例如聚苯板，多用于花卉造型的勾边，提升花坛造型轮廓的清晰度，或用聚苯板做出需要的造型，上插仿真花材，达到弱化聚苯板与花卉衔接时过硬、呆板的效果（图7-33、图7-34）。

二、骨架结构

　　天坛公园花卉布置多数是使用钢骨架结构，体量大，重量沉，稳固耐用，但制作难度大，运输难度高。2008年4月祈年殿西门下坡处花坛采用的是玻璃钢骨架，景观效果较好（图7-35、图7-36）。

图7-33　聚苯板

图7-34　仿真花材

图7-35　花坛骨架（北门内）

图7-36　花坛玻璃钢骨架（西下坡）

三、水体造景

花坛中设置半圆形水池,池内设柱状喷头,花坛内配备喷雾装置,水体造景给花坛增加了动感(图7-37)。

四、灯光照明

(1)采用在花坛周边放置射灯的方式(图7-38)。

(2)灯与花坛融为一体。2005年"十一"天坛南门花坛,以灯笼造型为主景,将灯放置在花坛立体骨架里,灯与花融为一体,效果非常好(图7-8)。

五、说明牌

(1)花卉名牌要标注科属、识别要点及用途。

(2)说明牌注明花坛名称、花坛立意等内容。中英文对照,便于游人在

图7-37 水体造景花坛(天坛南门)

图 7-38　祈年殿西下坡花坛夜景效果

图 7-39　说明牌

观赏景观的同时，更加贴切地理解花坛组摆的立意。植物牌可标注二维码，让游客通过手机 APP 了解更多内容介绍（图 7-39）。

　　天坛公园的节日花卉布置工作是公园美化工作中的主要部分，一直以来都取得了出色的成绩。我们应不断总结以往经验，继承优点，努力完善提高，更好地为公园的绿化美化作贡献。

　　首先要深挖天坛公园文化内涵，打造天坛特色的精品花坛。天坛公园以其悠久的历史、博大精深的文化内涵闻名于世，有其独特的魅力。如能对其进行深入研究，将这种文化融入花坛设计中，通过花卉布置既提升园内景观效果，又向游人展示天坛的独特魅力，可谓一举多得。

其次是要加大对立体组合装饰的研究与应用。立体组合装饰不需要露地栽培，受场地限制小，摆放形式灵活多样，易于搬运，可重复利用。天坛公园的花卉布置在设计上把握天坛特色，在制作工艺上精致、耐用，在摆放形式上采用组合、拆分等方式，从而使之在重复利用的同时营造不同的景观效果。

同时还要不断学习、应用新技术和新材料，提高花卉布置水平，开拓设计思路，提高施工技术，相信一定会对花卉布置总体水平的提高起到更大的作用。

附录

天坛公园修复造林绿化植树表（1985—2019 年）（单位：株）

时间	位置	伐除	桧柏	侧柏	油松	毛白杨	白皮松	龙爪槐	刺槐	国槐	沙地柏	银杏	花灌木	其他
1985 年	斋宫地区改造工程	苹果 600 株	1024			73								
	东大门内改造工程	果树 89 株	252		80									
1986 年	北二门内西侧花一班草花地前		839											
	原花卉处草花地		290											
	北二门内		54		75		20							
	南大门外		30		41									
	圜丘南侧		33											
	斋宫南侧		117			13								
	斋宫内				55			12	10					
	古柏六区补植		488											
	古柏一区		82											
	东大门内补植		6		7									
	西二门外餐厅		6				2							
1987 年	原花卉处草花地		1500											
	南大门东西两侧		750											
	双环亭		200											
	古柏区		200											
1988 年	1. 原花木公司拆迁地 2. 原园林学校补植 3. 双环亭绿化改造 4. 西二门外路两侧		6043											
1989 年	1. 北大门内两侧绿化改造工程 2. 西二门内路树改造	东门内南侧苹果 103 株												植树 1658 株

时间	位置	伐除	桧柏	侧柏	油松	毛白杨	白皮松	龙爪槐	刺槐	国槐	沙地柏	银杏	花灌木	其他
1990 年	土山栽植		1840	300						65				
	月季园西路两侧路树		72											
	北大门东侧		110											
	斋宫东门		88											
	东门停车场		27			29								
1991 年	完善土山绿化		412											
	北二门内东侧南门内环路两侧	核桃 50 株	425							115				
1992 年	长廊北		16											
	西北环路改造		1421	26		14					132			
1993 年	油松林环境整治	伐杂树 300 余株												12.06 公顷
1994 年	北二门内景区改造		608											
	管理处西侧		125											
	西北外坛	苹果 235 株、海棠 13 株、核桃 10 株												
	东环路西侧（果树四班）	苹果 91 株												
	西北外坛	苹果 122 株												
	东门停车场西侧	苹果 156 株、海棠 13 株、核桃 10 株												
1995 年	东环路西侧（果树四班）		542											
	南宰牲亭东侧和东北外坛	苹果 455 株												
1996 年	绿化二队南侧		578											
	东门停车场				3	40								

时间	位置	伐除	桧柏	侧柏	油松	毛白杨	白皮松	龙爪槐	刺槐	国槐	沙地柏	银杏	花灌木	其他
1997年	东北外坛、西北外坛	苹果525株	498			17						695	328	
	东南内坛		1050											
1998年	南神厨景区	桃树、苹果、核桃、柿等154株	1162			7								
	南门、西门、圜丘周围、祈年殿东等		105				31					4	16丛	
1999年	三座门南路西	苹果314株	876	17						10				山楂20株
	北大门广场												3017	
2000年	七星石景区	刨除绿篱170米											113	乔木138株
	三座门外		415											
2001年	西南内坛	移伐果树1548株	3403	1826										取消葡萄园
	东北外坛（原花卉市场）		1320	1285	400						1100			
2002年	双环亭、西门	伐除河北杨58株、伐除歪斜洋槐9株								66				移植乔木728株
	东北、西北外坛，南门	伐除绿篱杂树100余株	776	283	3									
2003年	西门至西二门双环亭景区											638		
	西北外坛原树班班部拆迁													玉兰40株

时间	位置	伐除	桧柏	侧柏	油松	毛白杨	白皮松	龙爪槐	刺槐	国槐	沙地柏	银杏	花灌木	其他
2004年	七星石以南地区、神乐署、斋宫以南地区，泰元门路两侧		44	10	4				4	8		10		玉兰4株
	神乐署		29	348						21				
	斋宫周围景区、丹陛桥东下坡至东天门景区、百花园景区、东北外坛景区		467										807	落叶乔木122株
2005年	东门主路两侧、北门两侧、西北外坛和西南内坛		45		58		6							
	04国债												345	
	斋宫												17	
2006年	神乐署、北门和西南内坛		36		4									
	北门旧管理处周边		13		13							17		
2007年	西北外坛厕所北侧和杏林北侧		11											
	北门自行车棚、停车场和游客接待中心周边		20							7			20	
	东北外坛景观完善		16							10		10	892	旱柳20株
	重要景点、主要干道绿化景观提升				11									
2010年	双环亭北侧									16			47	
2011年	油松林改造	移植黑枣1株		13	29									
2012年	西北外坛改造	栽植乔木及花灌木	34		35					35			512	元宝枫16株、栾树15株
2019年	广利门原机械厂恢复绿地	大树移植	604							18				面积36000平方米

天坛公园主要露地观花植物花期

序号	植物	学名	花期	生活型
1	腊梅	*Chimonanthus praecox*	2月下—3月中	灌木
2	山桃	*Amygdalus davidiana*	3月上—3月下	小乔木
3	蒲公英	*Taraxacum mongolicum*	3月上—6月	多年生草本
4	迎春花	*Jasminum nudiflorum*	3月初—4月中	灌木
5	连翘	*Forsythia suspensa*	3月中—4月上	灌木
6	贴梗海棠	*Chaenomeles speciosa*	4月上—4月下	灌木
7	杏	*Prunus armeniaca*	3月下—4月上	乔木
8	玉兰	*Magnolia denudata*	3月中—4月上	乔木
9	诸葛菜	*Orychophragmus violaceus*	3月下—5月中	二年生草本
10	紫玉兰	*Magnolia liliflora*	4月上—4月中	乔木
11	稠李	*Padus racemosa*	4月初—4月中	乔木
12	榆叶梅	*Amygdalus triloba*	4月上—4月下	灌木
13	文冠果	*Xanthoceras sorbifolium*	4月中—4月下	乔木
14	杜梨	*Pyrus betulifolia*	4月中—4月下	乔木
15	牡丹	*Paeonia suffruticosa*	4月中—5月上	灌木
16	棣棠	*Kerria japonica* f. *pleniflora*	4月上—9月	灌木
17	紫丁香	*Syringa oblata*	4月上—4月下	灌木
18	西府海棠	*Malus* × *micromalus*	4月上—4月下	小乔木
19	紫藤	*Wisteria sinensis*	4月下—5月下	灌木
20	紫叶李	*Prunus Cerasifera* Ehrhar f. *atropurpurea*	4月初—4月中	小乔木
21	红碧桃	*Amygdalus persica* f. *dupiex*	4月中—5月上	小乔木
22	白碧桃	*Amygdalus persica* f. *albo*-Plena	4月上—4月中	小乔木
23	紫荆	*Cercis chinensis*	4月中—5月上	灌木
24	毛泡桐	*Paulownia tomentosa*	4月中—5月上	乔木
25	水栒子	*Cotoneaster multifloru*s	4月中—5月上	灌木
26	楸	*Catalpa bungei*	4月下—5月上	乔木

序号	植物	学名	花期	生活型
27	洋槐	*Robinia pseudoacacia*	4月下—5月上	乔木
28	锦带花	*Weigela florida*	4月下—5月下	灌木
29	黄刺玫	*Rosa xanthina*	4月下—5月中	灌木
30	紫藤	*Asteria sinensis*	4月下—5月中	木质藤本
31	金银木	*Lonicera maackii*	4月下—5月下	灌木
32	中华小苦荬	*Ixeridium chinense*	4月—5月	多年生草本
33	地黄	*Rehmannia glutinosa*	4月—5月	多年生草本
34	大花野豌豆	*Vicia bungei*	4月—5月	多年生草本
35	紫花地丁	*Viola philippica*	4月—6月	多年生草本
36	蛇莓	*Duchesnea indica*	4月—6月	多年生草本
37	抱茎苦荬菜	*Ixeridium sonchifolium*	5月—6月	多年生草本
38	芍药	*Paeonia lactiflora*	5月上—5月下	多年生草本
39	月季	*Rosa chinensis*	4月下—11月中	灌木
40	猬实	*Kolkwitzia amabilis*	5月中—6月中	灌木
41	蔷薇	*Rosa multiflora*	5月下—6月下	灌木
42	田葛缕子	*Carum buriaticum*	5月—6月	多年生草本
43	青杞	*Solanum septemlobum*	5月—8月	多年生草本
44	田旋花	*Convolvulus arvensis*	5月—8月	多年生草本
45	打碗花	*Calystegia hederacea*	5月—8月	多年生草本
46	珍珠梅	*Sorbaria kirilowii*	6月上—9月中	灌木
47	合欢	*Albizzia julibrissin*	6月上—8月中	乔木
48	栾树	*Koelreuteria paniculata*	6月上—7月上	乔木
49	大花萱草	*Hemerocallis fulva*	6月下—7月下	多年生草本
50	玉簪	*Hosta tratt*	6月上—7月下	多年生草本
51	木槿	*Hibiscus syriacus*	6月下—9月下	灌木
52	日光菊	*Heliopsis helianthoides*	6月—9月	多年生草本
53	紫薇	*Lagerstroemia indica*	7月上—9月上	灌木
54	国槐	*Sophora japonica*	7月中—8月中	乔木

天坛公园常见有害生物名录表

序号	中文名	拉丁学名	科属	寄主
1	双条杉天牛	*Semanotus bifasciatus*	鞘翅目 天牛科	桧柏、侧柏、沙地柏、龙柏
2	桃红颈天牛	*Aromia bungii*	鞘翅目 天蛾科	榆叶梅、碧桃、山桃、樱桃、杏等
3	柏肤小蠹	*Phloeosinus aubei*	鞘翅目 象甲科	侧柏、桧柏
4	日本双棘长蠹	*Sinoxylon japonicus*	鞘翅目 长蠹科	国槐、栾树、榆树、柿子等
5	小线角木蠹蛾	*Holcocerus insularis*	鳞翅目 木蠹蛾科	国槐、龙爪槐、白蜡、元宝枫、银杏、丁香等
6	微红梢斑螟	*Dioryctria rubella*	鳞翅目 螟蛾科	油松
7	国槐小卷蛾	*Cydia trasias*	鳞翅目 卷蛾科	国槐、龙爪槐、蝴蝶槐等
8	梨小食心虫	*Grapholitha molesta*	鳞翅目 卷蛾科	碧桃、杏等
9	栾多态蚜虫	*Periphyllus koelreuteriae*	半翅目 毛蚜科	栾树
10	柏长足大蚜	*Cinara tujafilina*	半翅目 大蚜科	侧柏
11	居松长足大蚜	*Cinara pinihabitans*	半翅目 大蚜科	油松
12	桃蚜	*Myzus persicae*	半翅目 蚜科	碧桃、梅花、樱花、山桃、菊花等
13	梨冠网蝽	*Stephanitis nashi*	半翅目 网蝽科	海棠、樱花、梨等
14	桑白盾蚧	*Pseudaulacaspis pentagona*	半翅目 盾蚧科	国槐、龙爪槐、核桃、臭椿、紫叶李、碧桃、山桃、桑等
15	草履蚧	*Drosicha corpulenta*	半翅目 绵蚧科	槐、杨、白蜡、柳、椿等
16	山楂叶螨	*Tetranychus viennensis*	蜱螨目 叶螨科	碧桃、木槿、泡桐、臭椿、槐、柳、杨、榆叶梅、杏、山楂、海棠等
17	柏小爪螨	*Oligonychus perditus*	蜱螨目 叶螨科	侧柏、桧柏、沙地柏、龙柏等
18	呢柳刺皮瘿螨	*Aculops niphocladae*	蜱螨目 瘿螨科	柳树
19	小绿叶蝉	*Empoasca flavescens*	半翅目 叶蝉科	杏树、月季、梅、桑、杨、柳、泡桐等
20	斑衣蜡蝉	*Lycorma delicatula*	半翅目 蜡蝉科	臭椿、地锦、刺槐、榆、珍珠梅、女贞等
21	黄褐天幕毛虫	*Malacosoma neustria testacea*	鳞翅目 枯叶蛾科	杨、柳、山桃、海棠、黄刺梅、贴梗海棠等
22	美国白蛾	*Hyphantria cunea*	鳞翅目 灯蛾科	元宝枫、悬铃木、桑、榆、杨、丁香等300多种树木

序号	中文名	拉丁学名	科属	寄主
23	国槐尺蛾	*Semiothisa cinerearia*	鳞翅目、尺蛾科	国槐、龙爪槐
24	黄刺蛾	*Cnidocampa flavescens*	鳞翅目、刺蛾科	紫荆、黄刺梅、枣、海棠、核桃、杨、梨、山楂等树木
25	桃潜蛾	*Lyonetia clerkella*	鳞翅目、潜蛾科	碧桃、山桃、李等
26	棉铃虫	*Helicoverpa armigera*	鳞翅目、夜蛾科	菊花、月季、大花楸葵等
27	黄杨绢野螟	*Diaphania perspectalis*	鳞翅目、草螟科	小叶黄杨等
28	铜绿异丽金龟	*Anomala corpulenta*	鞘翅目、丽金龟科	草坪、月季、樱花、海棠、丁香、白蜡、桧柏等
29	月季白粉病	*Podosphaero pannosa*	病原：毡毛单囊壳菌	月季、玫瑰、芍药、黄刺梅
30	月季黑斑病	*Actinonema rosae*	病原：蔷薇双壳菌、蔷薇盘二孢菌	月季、黄刺玫等蔷薇属植物
31	苹（梨）桧锈病	*Gymnosporangium yamadai* *Gymnosporangium asiaticum*	病原：山田胶锈菌、亚洲胶锈菌	海棠、苹果、梨、桧柏等
32	海棠腐烂病	*Valsa ceratosperma*	病原：苹果黑腐皮壳菌	海棠、梨、杏、槐等
33	草坪褐斑病	*Rhizoctronia solani*	立枯丝核菌	草地早熟禾、黑麦草、野牛草等250余种禾草

天坛公园历年花卉布置汇总表（2003—2009 年）

时间	位置	名称	设计方案	花材
			2003 年	
"五一"国际劳动节	北门内	春韵		矮牵牛（粉、紫、红）、万寿菊（黄）、串红、雪叶菊、草坪
"十一"国庆节	北门外	笑脸		矮牵牛（白、粉、紫）、早菊（黄、红、粉）、串红、五色草
	北门内	花瓣		四季海棠（白、粉、红）、鸡冠花、彩叶草、五色草
	皇乾殿	奥运序曲		矮牵牛（红、紫）、早菊（黄、粉、白、红）、四季海棠（粉）、彩叶草、天冬草
	西下坡	舞动的北京		小串红、鸡冠花、早菊（白）、天冬草、五色草（绿）

时间	位置	名称	设计方案	花材
2003 年				
"十一"国庆节	南门	日新月异		矮牵牛（紫、白、粉、红）、早菊、五色草、彩叶草、雪叶菊
	西门	国庆		早菊（黄、粉）、鸡冠花、四季海棠（白）

时间	位置	名称	设计方案	花材
			2004 年	
"十一"国庆节	北门内	欢腾（二等奖）		早菊（粉、黄） 矮牵牛（五色） 五色草（绿） 彩叶草（金边）
	西下坡	欣欣向荣 万众一心 （二等奖）		早菊（黄） 小串红 彩叶草 矮牵牛 五色草
	南门	开放的东方 （一等奖）		早菊（黄） 矮牵牛（4 色） 大串红 三角花 五色草（绿）
	西门	国庆		早菊（黄） 大 / 小串红 五色草（绿）
	东门	—		四季海棠（3 色） 雪叶菊 五色草（绿）
	丹陛桥	腾飞的中国龙 （三等奖）		早菊（3 色） 五色草（绿）

时间	位置	名称	设计方案	花材
			2005 年	
5·16 北京《财富》全球论坛	西下坡	一		切花石竹（黄 / 红 / 白） 雪叶菊 绢花（蓝 / 黑） 栀子花 串红
	北门外	花带		串红 万寿菊 槟榔
	北二门内	花带		矮牵牛（红） 天竺葵 三色堇
	丹陛桥东下坡	色带		三色堇 矮牵牛
	丹陛桥西下坡	色带		三色堇 矮牵牛

时间	位置	名称	设计方案	花材
			2005 年	
"十一"国庆节	北门外	花带		蕉藕、大串红、粉早菊、叶子花、五色草（红、绿）、红矮牵牛
	北门内	平安如意		菊花、矮牵牛、五色草、四季海棠、天冬草
	西下坡	爱我中华		早菊（粉、黄）矮牵牛（红、白、粉）天冬草
	南门	明灯照九州（一等奖）		五色草（绿、红）、鸡冠（红、黄）、天冬草、白早菊、火鹤（红、粉）、粉杜鹃、变叶木、一品红、佛手、草坪、雪叶菊
	西门	家和万事兴		蕉藕、一串红、早菊（白、黄）、天冬草、五色草（绿）
	北二门内	花带		四季海棠（红、白、粉）

212

时间	位置	名称	设计方案	花材
			2006 年	
"五一"国际劳动节	西下坡	扬帆起航	天坛公园 2006 年"五一"西下坡花坛设计方案 设计立意 本方案平面造型融合翅膀和风帆的概念，寓意祈年殿在修缮后面貌一新，焕发新的生机和活力，花材以矮牵牛为主。 粉色矮牵牛 紫色矮牵牛 太阳神 粉色矮牵牛 白色矮牵牛 紫色矮牵牛 粉色矮牵牛 万寿菊 红色矮牵牛 24000　5000 绿化中心设计室	矮牵牛（粉、紫、白、红） 太阳神 万寿菊
"八一"建军节	西下坡	走进 2008		彩叶草（红、绿） 夏堇 鼠尾草
	皇乾殿	奔向奥运		四季海棠 夏堇 美兰菊 鸡冠花 千屈菜 水苏 花烟草 天人菊

时间	位置	名称	设计方案	花材
			2006 年	
"十一"国庆节	北门内	龙飞凤舞迎金秋		旱菊（黄）、五色草（绿）、矮牵牛（玫红、粉、红、白）
	西下坡	古坛新颜庆十一		矮牵牛五色草
	南门	五福临门（一等奖）		矮牵牛（红、紫、白、粉）、旱菊（黄、白）、红鸡冠、一串红、五色草（绿）
	西门	和谐一家亲		旱菊（黄、红、粉）、一串红、矮牵牛（玫红）
	皇乾殿	福牛乐乐		蕉藕、金鸡菊、羽状鸡冠（红）、四季海棠（白、红、粉）、五色草（绿）、天冬草
	北门外	花带		叶子花旱菊（粉、黄）一串红

时间	位置	名称	设计方案	花材
			2007 年	
"五一"国际劳动节	北门内	花舞		万寿菊（黄） 矮牵牛（粉、红、玫红、白） 天冬草
	西下坡	春的旋律		三色堇 矮牵牛（红、紫、粉、白） 草坪
8 月	北门内	更高更快更强		孔雀草（黄） 四季海棠（白、红） 矮牵牛（白、红、粉） 夏堇（粉）
	西下坡	京剧脸谱		彩叶草（紫） 四季海棠（红、白） 五色草（绿） 夏堇（粉）
	南门	相约 08		黄早菊、紫彩叶、硫华菊、羽状鸡冠、百日草、矮牵牛、夏堇、四季海棠、天冬草

时间	位置	名称	设计方案	花材
			2007 年	
"十一"国庆节	北门内	更高更快更强		孔雀草（黄）、四季海棠（白）、矮牵牛（白、红）、夏堇（粉）
	北门外	花带		早菊（粉、黄）、一串红、叶子花、五色草（绿）
	皇乾殿	相约 08		蕉藕、羽状鸡冠（红）矮牵牛（白、粉、红）早菊（黄）、五色草
	西下坡	柏香月圆庆佳节（二等奖）		早菊（白）、矮牵牛（红、粉）、五色草（绿）、一串红（黄）
	南门	金玉祥云迎盛会		早菊（白、黄）、四季海棠、槟榔、一串红、矮牵牛
	西门	快乐成长		蕉藕、早菊（黄、白）、矮牵牛（粉）、四季海棠（白、粉）、一串红
	神乐署	—		槟榔、一串红、早菊（黄、白、粉）、鸡冠、矮牵牛

时间	位置	名称	设计方案	花材
			2008 年	
4 月	北门内	和谐奥运		切花石竹、卷柏、大花月季、微型月季、紫罗兰、玄铁
	皇乾殿	舞动北京		切花石竹、金盏、耧斗菜、美人巴西木、槟榔、微型月季、黄豆
	西下坡	龙腾盛会		切花石竹及菊花小串红
	南门	奥运中国		切花石竹绣球串红万寿菊
	西下坡至皇乾殿	地栽		矮牵牛（白、粉、紫）、三色堇（黄）、凤仙（红）、金鱼草（红、黄）、白京菊、紫罗兰、丰花月季（红）、角堇、大花小花石竹、非洲金盏（橙）、耧斗菜（红、紫、蓝）

时间	位置	名称	设计方案	花材
2008 年				
8 月奥运会期间	北门内	北京欢迎你		四季海棠（红）孔雀草 鼠尾草
	西下坡	箫音缭绕迎奥运		四季海棠（粉、白）彩叶草（黄、红）五色草（红）
	南门	加油		四季海棠（红、粉、白）银边铁
	东门	欢庆奥运		五色草（绿）四季海棠（红、白、粉）硫华菊
	西门	金声悦耳盼凯旋		五色草（红）硫华菊 鸡冠花 四季海棠（粉）
	神乐署	奥运五环		四季海棠（粉）鸡冠花 五色草（绿）凤仙（白）万寿菊（橙）

时间	位置	名称	设计方案	花材
2008 年				
9月残奥会期间	北门内	鼓乐喧天迎残奥		四季海棠（红） 孔雀草 鼠尾草
	西下坡	祥云祈福庆残奥	 串红（红色） 银叶菊 残奥会会徽 彩叶草（绿色）	一串红 银叶菊 彩叶草（黄）
	南门	鼓声阵阵齐加油		四季海棠（红） 银边铁 硫华菊
	东门	福牛乐乐庆残奥		五色草（绿） 四季海棠（红、白、粉） 硫华菊
	西门	金声悦耳盼凯旋		五色草（红） 矮牵牛（粉） 四季海棠（粉）
	神乐署	北京残奥会会徽		四季海棠（粉） 鸡冠花 五色草（绿） 凤仙（白） 万寿菊（橙）

时间	位置	名称	设计方案	花材
			2008 年	
"十一"国庆节	北门内	鼓舞飞扬繁花绽		四季海棠（红、粉）早菊（黄）
	西下坡	箫音缭绕贺华诞		早菊（黄、白、粉）一串红 彩叶草（红）五色草（红）
	南门	鼓声阵阵庆胜利		四季海棠（红）早菊（黄）
	东门	祥云朵朵庆十一		五色草（绿）、四季海棠（红、白、粉）硫华菊 早菊（黄）
	西门	金声悦耳迎佳节		五色草（红）矮牵牛（粉）四季海棠（粉）
亚欧首脑会议	南门	鼓		四季海棠（红、粉）彩叶草（黄）

时间	位置	名称	设计方案	花材
			2009 年	
"五一"国际劳动节	北门内	迎春		矮牵牛（红、粉）三色堇（黄）
	西下坡	春韵		豆瓣绿三色堇（紫、黄）矮牵牛（粉）
	地栽	皇乾殿后身		凤仙（白、粉、猩红）四季海棠（红）勋章菊（橙）
		古柏一区		勋章菊（黄、橙）、四季海棠（白、红、粉）、凤仙（丁香紫、猩红、枚红）、万寿菊（紫、白）、小花石竹（红）、三色堇（黄）
		东门		四季海棠（粉）三色堇（黄）非洲凤仙（红）
		东宰牲亭		非洲凤仙（红、粉）三色堇（黄）

続表

时间	位置	名称	设计方案	花材
			2009 年	
"十一"国庆节	北门内	江山如画（三等奖）		早菊（红、黄）、红矮牵牛、白四季海棠、绿五色草、叶子花、变叶木、蕉藕、橡皮树、槟榔、榕树、散尾葵、棕竹、巴西美人、非洲茉莉、君子兰、马尾铁、悬崖菊（黄、红）、红色石竹鲜切花
	北门外	京花龙祥（三等奖）		五色草（绿、红）、早菊（红、黄）、大串红、小串红、凤仙（红）、蕉藕、橡皮树
	西下坡	龙腾盛世（一等奖）		品种菊、石竹鲜切花(红、粉色)、豆瓣绿
	南门	鼎盛（二等奖）		红叶红花四季海棠、黄早菊、粉早菊、粉矮牵牛、紫矮牵牛、白四季海棠、一品红、茉莉、品种菊、变叶木、豆瓣绿
	东门	张灯结彩		悬崖菊（黄、红）串红 早菊（黄）矮牵牛（粉、紫、白）

222

时间	位置	名称	设计方案	花材
			2009 年	
"十一"国庆节	西门	国泰民安		四季海棠（红、粉）早菊（黄、红）
	丹陛桥	龙舞长春		早菊（黄）串红
	容器	立体花架（一等奖）		悬崖菊、一品红
		花钵（一等奖）		品种菊
		花钵（一等奖）		悬崖菊
		吊盆		悬崖菊
	其他	说明牌		

注：从 2005 年开始每个公园只允许申报 1 个花坛参加评比。

天坛公园花坛骨架汇总表

序号	骨架名称	结构形式	数量	使用情况
1	扇面		1 组 4 扇	2003 年北门外"十一"国庆节 2004 年南门"十一"国庆节 2006 年南门"十一"国庆节
2	绣球		1 个	2004 年北门内"十一"国庆节
3	三节花柱 （粗）		4 个	2003 年北门外广场（4 个） 2004 年北门内广场（4 个） 2006 年北门内广场（4 个）
4	三节花柱 （细）	 花柱平面图 花柱立面图	12 个	2004 年丹陛桥"十一"国庆节（12 个） 2005 年北门内"十一"国庆节（6 个）、 南门（6 个） 2007 年西门"十一"国庆节（2 个）、 南门（6 个）、北门内（4 个） 2008 年西门（2 个）
5	半圆形花墙	 花坛侧面图　　花坛立面图	2 组	2004 年西门"十一"国庆节（2 组） 2006 年北门内"十一"国庆节（2 组） 2007 年西门"十一"国庆节（1 组）

序号	骨架名称	结构形式	数量	使用情况
6	波浪顶花墙		2组 6单元	2004年北门内"十一"国庆节（2组） 2005年西门"十一"国庆节（1组） 2006年西门"十一"国庆节（1组） 2008年北门4月（2组） 2008年东门8—10月（1组）
7	灯笼		6个（1大3中2小）	2005年南门"十一"国庆节（6个） 2006年北门内"十一"国庆节（1大）
8	花瓶		1个	2005年北门内"十一"国庆节 2006年皇乾殿后身"十一"国庆节
9	自行车		1个	2007年北门内8—10月
10	菱形（五环）		1个	2007年南门8月 2007年皇乾殿后身"十一"国庆节 2008年神乐署8—10月
11	金牌		1个	2007年南门"十一"国庆节
12	云纹		1组	2007年南门"十一"国庆节

序号	骨架名称	结构形式	数量	使用情况
13	长方形拍子		1 大 2 小	2008 年皇乾殿后身 4 月
14	龙（玻璃钢）		1 组	2008 年西下坡 4 月
15	菱形拍子		6 个	2008 年南门 4 月
16	小云		3 个 （1 大 1 中 1 小）	2008 年北门 4 月（3 个） 2008 年东门 8—9 月（1 中 1 小）
17	鼓		11 个	2008 年北门内 8—10 月 2008 年南门 8—10 月 2008 年南门第七届亚欧首脑会议
18	编钟		1 组	2008 年西门 8—10 月

参考文献

[1] 章太炎 . 代议然否论 [M]// 中国近代思想家文库·章太炎卷 . 北京: 中国人民大学出版社，2015.

[2] 于敏中，等 . 日下旧闻录 [M]. 北京: 北京古籍出版社，1983.

[3] 马端临 . 文献通考 [M]. 北京: 中华书局，1986.

[4] 佚名 . 清会典事例 [M]. 北京: 中华书局，2005.

[5] 潘荣陛 . 帝京岁时纪胜 [M]. 北京: 北京古籍出版社，1981.

[6] 吴长元 . 宸垣识略 [M]. 北京: 北京古籍出版社，1983.

[7] 汪启淑 . 水曹清暇录 [M]. 北京: 北京古籍出版社，1998.

[8] 完颜麟庆 . 鸿雪因缘图记 [M]. 北京: 北京古籍出版社，1984.

[9] 沈德符 . 万历野获编 [M]. 北京: 中华书局，1959.

[10] 石桥丑雄 . 天坛 [M]. 东京: 山本书店，1957.

[11] 金梁 . 天坛志略 [M]. 李忠义，标点 . 北京: 北京出版社，2021.

[12] 孙秀萍 . 北京城区全新世埋藏河湖沟坑的分布及其演变 [M]. 北京: 北京出版社，1985.

[13] 天坛公园管理处 . 天坛公园志 [M]. 北京: 中国农业出版社，2002.

[14] 天坛公园管理处 . 天坛古树 [M]. 北京: 中国农业出版社，2015.

[15] 杨振铎 . 天坛世界人类文化遗产 [M]. 北京: 中国书店，2001.

[16] 天坛公园管理处 . 天坛 [M]. 北京: 文物出版社，2008.

[17] 朱江颂 . 天坛牺牲所建筑沿革述略 [M]. 北京: 北京文博文丛，2019.

[18] 天坛公园管理处 . 清代皇帝天坛祭祀御制诗文集 [M]. 北京: 线装书局，2007.

[19] 天坛公园管理处 . 天坛公园野鸟图鉴 [M]. 北京: 机械工业出版社，2020.

[20] 王志会 . 天坛中国文化知识读本 [M]. 长春: 吉林文史出版社，2010.

[21] 孔繁峙，等 . 坛庙 [M]. 北京: 北京美术摄影出版社，2011.

[22] 谭烈飞 . 北京的古典园林 [M]. 北京: 北京出版社，2018.

[23] 韩杨 . 园林 [M]. 北京: 北京美术摄影出版社，2014.

[24] 黄枢，沈国舫 . 中国造林技术 [M]. 北京: 中国林业出版社，1993.

[25] 祁润身，等 . 北方常见园林树木修剪技术 [M]. 北京: 中国建筑工业出版社，2023.

[26] 允禄，等 . 皇朝礼器图式 [M]. 扬州: 广陵书社，2007.

[27] 熊大桐 . 中国林业科学技术史 [M]. 北京: 中国林业出版社，1995.

[28] 天坛公园管理处 . 天坛花卉 [M]. 北京: 中国建筑工业出版社，2012.

[29] 北京市园林局 . 城市园林绿化手册 [M]. 北京：北京出版社，1983.

[30] 李坤新 . 园林绿化与管理 [M]. 北京：中国林业出版社，2007.

[31] 朱庆竖 . 绿化养护技术 [M]. 北京：机械工业出版社，2013.

[32] 天坛公园管理处 . 天坛公园植物图鉴 [M]. 北京：中国建筑工业出版社，2018.

[33] 北京市园林科学研究所 . 公园古树名木 [M]. 北京：中国建筑工业出版社，2012.

[34] 莫容，胡洪涛 . 北京古树名木散记 [M]. 北京：北京燕山出版社，2009.

[35] 牛有成，赵凤桐 . 北京古树神韵 [M]. 北京：中国林业出版社，2008.

[36] 中国科学院中国植物志编辑委员会 . 中国植物志 [M]. 北京：科学出版社，1999.

[37] 贺士元，尹祖棠，等 . 北京植物志 [M]. 北京：北京出版社，1984.

[38] 刘育俭，牛建忠，王艳 . 天坛公园古柏林区及绿地昆虫群落物种多样性研究 [M]// 北京奥运园林绿化的理论与实践 . 北京：中国林业出版社，2009.

[39] 刘育俭 . 天坛公园古柏林下地被植物土壤养分状况及适应性评价 [M]. 北京城市园林绿化与生态文明建设 . 北京：科学技术文献出版社，2013.

[40] 刘育俭，张伟 . 天坛古柏林下地被植物多样性对昆虫群落的影响 [M]. 北京园林绿化与宜居城市建设 . 北京：科学技术文献出版社，2012.

[41] 徐公天，杨志华 . 中国园林虫害 [M]. 北京：中国林业出版社，2000.

[42] 刘育俭 . 绿色植保技术在天坛公园的实践与发展 [M]. 北京生态园林城市建设 . 北京：中国林业出版社，2009.

[43] 苏家和 . 花坛 [M]. 成都：四川科学技术出版社，1986.

[44] 张作英 . 北京菊花 [M]. 北京：中国旅游出版社，2013.

[45] 刘春田 . 天坛月季 [M]. 北京：北京工艺美术出版社，1980.

[46] 朱秀珍 . 花坛设计与施工 [M]. 北京：北京科学出版社，1987.

[47] 吴涤新 . 花卉应用与设计 [M]. 北京：中国农业出版社，1994.

[48] 孟庆武 . 北京节日花坛 [M]. 乌鲁木齐：新疆科学技术出版社，2004.

[49] 柯文辉 . 花坛评点录 [M]. 北京：东方出版社，2019.

[50] 李婷 . 节日花坛设计 [M]. 北京：中国林业出版社，2020.

后 记

天坛自建坛以来，坛内植物生长繁衍按照各自遗传密码，萌芽、生长、结实、衰亡。生命周而复始、不断进化，一切归于自然。今日天坛园林成果是几代人付出的心血和艰辛的努力。我们溯源历史、尊重历史、还原历史，依偎在天坛古树身旁，讲述过去在这儿发生的故事。百年古树，铭记着自然的脉搏，见证着岁月的变迁。让我们以史为鉴，从中汲取智慧和力量，站在新的历史起点上，面向未来开创天坛园林新的局面。

北京因"都"而立，因"都"而兴。古都北京，历史与现代在这里交融共生。天坛是北京的标志，是世界文化遗产，是北京老城最为壮美的精华图景。

天坛是明清时期最大的皇家祭坛，也是我国目前保留最为完整的祭坛园林。祭坛园林是祀天文化的产物，其植物配置象征性布局和设计使得天坛景观效果堪称"杰作"。崇尚自然，"内坛仪树，外坛海树"表现出天坛园林的独特性。植物文化与祭天文化在天坛融合，放射着传统文化与礼制文明的光芒，是世界遗产中不可多得的精神与物质财富。天坛园林追求人与自然和谐共生，天人协和。

新时代建设富强、民主、文明、和谐、美丽的社会主义现代化强国是我国各族人民对美好生活的向往与共同的愿望。这种价值取向来源于对历史文化的自信、汲取与传承。处于北京都市中的天坛，承载着独特的天人协和、敬天文化，具有历史遗产保护、维护生态绿色空间、休闲游憩及文化传播等方面功能。科学合理的植物配置与管理养护十分必要，应给予高度重视。

城市功能结构及空间布局密不可分。天坛公园不仅是一块特殊的净土，更是与城市相联系，随着城市结构的调整与功能开发，天坛公园园林绿肺作用越来越重要。天坛公园正按照其总体规划逐步向前发展，让"绿色梦想"尽情绽放，让首善之都的"绿色名片"更加亮丽。

作为新时代的园林工作者，继承发展天坛坛庙园林文化、展示现代园艺水准十分必要。应有效保护、利用天坛文化遗产，恢复三南外坛的本真。在保护中发展，在发展中保护，在传承中利用，走出天坛公园特色坛庙园林管理之路，努力在制度化、规范化、精细化及专业化等方面取得更大成绩。

让我们站在国际化大都市前沿，为发展首都园林事业、生态文明作出应有的贡献。

编者

2023 年 5 月

图书在版编目（CIP）数据

天坛园林 / 北京市天坛公园管理处编著 . —北京：
中国建筑工业出版社，2023.12
　ISBN 978-7-112-29416-9

　Ⅰ.①天… Ⅱ.①北… Ⅲ.①天坛—古典园林 Ⅳ.
① TU986.621

　　中国国家版本馆 CIP 数据核字（2023）第 241265 号

责任编辑：兰丽婷　杜　洁
责任校对：王　烨

天坛园林

北京市天坛公园管理处　编著

*

中国建筑工业出版社出版、发行（北京海淀三里河路 9 号）

各地新华书店、建筑书店经销

北京海视强森文化传媒有限公司制版

天津裕同印刷有限公司印刷

*

开本：787 毫米 × 960 毫米　1/16　印张：$15\frac{1}{2}$　字数：247 千字

2024 年 1 月第一版　2024 年 1 月第一次印刷

定价：**150.00 元**

ISBN 978-7-112-29416-9

　　（42190）